“十三五”普通高等教育本科部委级规划教材

时装品牌视觉识别（第2版）

陈　丹　主　编

秦媛媛　唐　铄　徐先鸿　副主编

中国纺织出版社有限公司

内 容 提 要

本书是“十三五”普通高等教育本科部委级规划教材。目前服装行业的共识是：竞争的焦点在于品牌，高级品牌设计者和管理者是行业内最缺的人才。本书遵循将前沿的理论成果与行业当前发展紧密联系的写作思路，揭示服装品牌的本质特征，将品牌设计、产品设计、视觉传达等多领域的知识相结合，更注重本科毕业生在服装相关职业高级阶段的知识需求，这种需求的特点在于：在时尚瞬息万变的环境下对品牌本质特征的清晰理解，以及对整个品牌视觉识别体系结构的准确把握。

本书适合作为高校服装专业学生、视觉传达专业学生的专业教材，也可作为服装、品牌、视觉传达爱好者的参考阅读书籍。

图书在版编目（CIP）数据

时装品牌视觉识别 / 陈丹主编. --2 版. -- 北京：中国纺织出版社有限公司，2021. 8

“十三五”普通高等教育本科部委级规划教材

ISBN 978-7-5180-8570-5

Ⅰ. ①时… Ⅱ. ①陈… Ⅲ. ①服装设计—高等学校—教材 Ⅳ. ① TS941.2

中国版本图书馆 CIP 数据核字（2021）第 098219 号

责任编辑：宗　静　亢莹莹　　特约编辑：王颖慧
责任校对：王蕙莹　　责任印制：王艳丽

中国纺织出版社有限公司出版发行
地址：北京市朝阳区百子湾东里 A407 号楼　邮政编码：100124
销售电话：010—67004422　传真：010—87155801
http://www.c-textilep.com
中国纺织出版社天猫旗舰店
官方微博 http://weibo.com/2119887771
北京通天印刷有限责任公司印刷　各地新华书店经销
2021 年 8 月第 1 版第 1 次印刷
开本：787 × 1092　1/16　印张：9.75
字数：145 千字　定价：78.00 元

前言

早期的服装设计专业本科教育侧重绘画能力的培养，后来转向服装设计与制作能力的培养，近几年随着人才培养模式的转变，很多院校开设了品牌类的课程，注重培养学生的品牌意识和综合实践能力。

本书从时装品牌案例入手，提取品牌的视觉特征，揭示时装品牌的本质，构建品牌视觉识别系统的架构，并针对局部的知识模块一步一步展开分析。此外，将产品识别纳入到这个系统里，是本教材的特色之一。

本人从事多年相关教学，搜集整理了大量的品牌案例和学生作品优秀案例，并进行了多方面的教学改革实验。相关课程设计获得全国教育技术协会2008年度二等奖，相关教改论文《在“开放式”竞争环境中建立学习型团队》获得2011年度中南星奖论文一等奖，所指导学生设计的时装品牌视觉识别系统获得该年度的学生组最佳设计奖。教学形式主要分为理论讲授、案例分析、学生实践三大部分，每个知识模块的理论和案例分析讲完后，都会布置相应的实践任务，整个课程讲完后，学生就相应地完成了一整套时装品牌视觉识别系统。每个阶段的作业完成后，教师及时点评，小组公开讨论，形成一种互动前进的状态。

本书由陈丹作为主编，秦媛媛、唐铄、徐先鸿作为副主编。由陈丹负责统领全书以及各个章节的具体编写工作；秦媛媛参与编写第一、第四、第五章；唐铄参与编写第二、三章；徐先鸿参与编写第四章；李罗娉参与编写第四章、第五章的企业案例部分；张静参与编写第五章的印刷工艺部分；王柯参与编写第五章的品牌广告部分；李女仙、王磊、成云波、尹娜、王宵凌、潘子广、梁卉莹、王芳、闫艳、苏成、陈云飞、郭智敏、蔡炫、王静等参与编写全书案例部分。第二章关于天意品牌的研究部分是李维贤老师主持课题的阶段性成果，我在参与李老师的课题过程中受到很多启发。第二章的产品识别部分的编写受到谭国亮老师著作《品牌服装产品规划》的启发。徐先鸿、辛珏老师负责第1版的大部分独家素材照片的拍摄，并沿用至第2版，使此书的图例独具特色，视觉质量得以保证。另外，谢谢邝嘉伟先生提供本土原创潮牌RL案例；谢谢黎云胜、陈有太、瞿思提供原创设计作品；谢谢陈云飞女士提供“楷诗·陈”品牌案例。

在此，感谢中国纺织出版社有限公司宗静女士对本书的支持，没有她的督促与细心、耐心，本书是不可能完成的。感谢所有参与本书编写作者们的大力支持。在编写过程中，疏漏之处在所难免，敬请广大读者们批评指正！

主编　陈　丹

2019年8月

教学内容及课时安排

章/课时	课程性质/课时	节	课程内容
第一章/ 4课时	理论课程/ 8课时	●	**时装品牌视觉识别系统概述**
		一	时装品牌概述
		二	时装品牌视觉识别系统简介
		三	企业识别、视觉识别、行为识别、理念识别概念辨析
		四	时装品牌视觉识别系统的构成
			一、视觉识别系统的一般构成
			二、时装品牌视觉识别系统的特点
		五	时装品牌视觉识别系统的设计原则
			一、视觉识别设计原则
			二、时装品牌视觉识别系统的设计原则
第二章/ 4课时		●	**品牌产品与视觉识别系统的关系**
		一	产品识别的概念
		二	产品识别与视觉识别的关系
			一、标志造型与产品图案造型保持一致
			二、标志色彩与产品色彩保持一致
			三、标志风格与产品风格保持一致
			四、标志底纹与产品面料特征建立内在联系
		三	经典品牌视觉识别分析——福神（EVISU）
			一、寻找一种产品
			二、确定品牌名称
			三、设计品牌标志
			四、建立品牌的视觉逻辑
		四	时装品牌视觉识别分析——天意
第三章/ 4课时	理论结合实践课/ 40课时	●	**时装品牌的命名**
		一	时装品牌命名的方法
			一、品牌命名的产业化
			二、时装品牌命名的定位理论
		二	时装品牌命名的原则
			一、时装品牌命名的三大原则
			二、案例赏析——唐语英话品牌命名实战分析

续表

章/课时	课程性质/课时	节	课程内容
第四章/12课时	理论结合实践课/40课时	●	**时装品牌视觉识别的基础系统设计**
		一	标志设计
			一、标志的分类
			二、标志设计原则
			三、标志的设计步骤
			四、案例赏析：C&D品牌标志设计实战分析
		二	标准字体设计
			一、书法标准字体设计
			二、装饰字体设计
			三、英文标准字体设计
			四、案例赏析：C&D品牌企业名称标准字体设计实战分析
		三	标准色与辅助色设计
		四	吉祥物设计
		五	辅助图形设计
			一、辅助形的概念与类别
			二、辅助图形与标志的关系
			三、辅助图形的造型方法
			四、未来辅助图形的发展趋向
			五、案例赏析：C&D品牌辅助图形设计实战分析
第五章/20课时		●	**时装品牌视觉识别的应用系统设计**
		一	身份识别系统与办公系统设计
			一、身份识别系统
			二、办公系统
			三、印刷工艺
			四、案例赏析：C&D品牌办公系统设计实战分析
		二	辅料设计
			一、吊牌
			二、装饰标签
			三、纽扣、拉链头等其他功能性辅料
			四、案例赏析：C&D品牌辅料设计实战分析
		三	包装设计
			一、手提袋设计

续表

章/课时	课程性质/课时	节	课程内容
第五章/ 20课时	理论结合实践课/ 40课时	三	二、案例赏析：C&D品牌手提袋设计实战分析
			三、不同服饰产品的包装设计
			四、香水瓶设计
		四	广告设计
			一、以时装品牌的标志为设计点
			二、以时装品牌的“核心人物”为设计点
			三、以时装品牌的故事为设计点
			四、时装品牌的形象广告与产品广告的区别
			五、案例赏析：C&D品牌广告设计实战分析
		五	展示设计
			一、专卖店店面的设计原则
			二、案例赏析：C&D品牌展示设计实战分析
第六章/ 4课时			**本土新锐品牌视觉识别设计案例赏析**
			案例一：本土新锐潮牌REINDEE LUSION
			案例二：虚拟服饰品牌的原创实验

注 各院校可根据自身的教学特点和教学计划对课程时数进行调整。建议总共48学时，可按12周进行排课，每周4课时，12周讲完后，留时间给学生进行实践，可安排在第16周进行作业检查、交流与点评。

目录

理论课程

理论结合实践课

理论课程

时装品牌视觉识别系统概述

课题内容： 时装品牌概述

时装品牌视觉识别系统简介

企业识别（CI）、视觉识别（VI）、行为识别（BI）、理念识别（MI）概念辨析

时装品牌视觉识别系统的构成

时装品牌视觉识别系统的设计原则

课题时间： 4课时

教学目的： 了解时装品牌的本质

教学方式： 课件PPT展示，教师讲述

教学要求： 引起学生的兴趣、激发学生的求知欲，讲清楚核心概念

第一章　时装品牌视觉识别系统概述

第一节　时装品牌概述

时装品牌是一种非常复杂的现代文明产物，它已远远不只是时装，不只是标志。一方面，时装品牌具有潮流性，被世俗追捧，像明星一样存在于消费者茶余饭后的闲谈中；另一方面，它又有神秘的一面，有些工艺秘而不宣，有些设计方法闭口不谈。时装品牌就是这样，既希望大众或小众爱它，又希望大家都弄不清楚它的原理，永远被它吸引，永远被它迷惑。

本书恰恰就是想抽丝剥茧，研究时装品牌“面子”与“里子”的关系，弄清楚时装品牌庞大的视觉识别系统是怎样建立起来的？它的基石是什么？里面的每个部分又是如何相互作用的？更为重要的是，这个系统的核心任务是什么？为什么有些品牌那么富有魅力？为什么有些品牌让人过目即忘？要弄清楚这些问题，先让我们通过一个经典品牌来分析一下。

20世纪二三十年代的法国，诞生了一个极富魅力的女装品牌——夏奈尔（CHANEL）。2013年在广州大剧院举办的“文化夏奈尔”展览让我们一睹其风采。

策展人尚·路易·弗蒙这样评论夏奈尔品牌：

“夏奈尔是一场永不止息的运动——一场与时代相互激荡、一往无前的运动。夏奈尔品牌自创立伊始，就笼罩在时代浓厚的文化氛围中。深厚的文化底蕴，正是造就了夏奈尔这场运动的推手，更引领着品牌不断向前。而嘉柏丽尔·夏奈尔（Gabrielle Chanel）本人，就是品牌的化身。

嘉柏丽尔·夏奈尔，这位充满传奇经历的女性，她将与众多艺术家的友谊、前卫的理念与行为，以及她将直觉化为现实的无畏勇气，融汇淬炼出一门独特的语言。

这门语言，横跨了好几个时代。它是女性发展史的重要篇章，更与现代艺术的种种形式有着密不可分的联系。这门语言，令夏奈尔品牌受到无与伦比的推崇，同样令人瞩目的是品牌对卓越品质的不懈追求，以及为了使作品能得到应有地位所倾注的热忱。首度“文化夏奈尔”展览，呈现了嘉柏丽尔·夏奈尔人生重要阶段之间的关联，从这些事件与转折中，孕育出一种特定风格。本次展览则将目光投射于夏奈尔的创作态度与行为理念，试图探寻令品牌风格不断演进的根源；时至今日，夏奈尔的设计师始终延续着这种风格，从而赋予品牌永恒的现代感。

嘉柏丽尔·夏奈尔的作品是她人生的写照。没有一款服装、珠宝、香水不曾受到她生活经历的影响；没有一道童年的伤痕、没有一场爱情的邂逅不曾体现在她的作品中；没有一段与艺术家的友谊不曾从本质上改变她的思想，进而影响到她的风格的确立。而她精心为自己塑造的形象，又与此风格完全一致”。❶

由此，我们也许能更好地理解业界专业人士给时装品牌下的定义：

时装品牌是将品牌的文化、象征和联想等一切形式、功能联系于时装行业或时装产品的事物。❷时装品牌是众多有一定关联性的产品所构成的整体，它体现了现实世界中的某种文化，它经常使用象征性的语言来与消费者进行沟通，擅于制造出丰富的联想。

更通俗地说，成功的时装品牌是一部长篇小说。夏奈尔品牌就是一部这样的小说——其中的人物个性鲜明，故事跌宕起伏，结局扑朔迷离。而它与普通小说的区别在于，它是一篇融入了世俗世界的、亦真亦假的、不断被续写的小说。这样的品牌堪称达到了品牌经营的最高境界，所以夏奈尔品牌一经面世就成为难以超越的经典。

第二节 时装品牌视觉识别系统简介

视觉识别（Visual Identiy，VI）系统到底是什么？它对于建立品牌有什么价值呢？首先，让我们感性地体验一下夏奈尔品牌的各种视觉表现形式，再提炼出时装品牌视觉识别要素，这将有助于我们真正地理解这个重要的概念。

在上一节中，我们是通过文字对夏奈尔品牌进行了解的，但是文字毕竟是抽象的，下文将列举出夏奈尔品牌如何用更为直观的方式建立了自己的风貌（图1-1～图1-10）。

从夏奈尔品牌的形象中，可提炼出若干个视觉特征：

（1）简洁易记的品牌标志。

（2）具有独特风格的品牌产品。

（3）山茶花、人造珠宝、格菱纹、小黑裙等产品特征。

（4）装潢简洁明朗的专卖店。

（5）广告中年轻、自信、优雅、干练的女孩。

（6）具有独特魅力的夏奈尔本人。

❶《文化香奈尔——〈一幅布展与五幕传奇〉展览》图册。

❷ 刘晓刚. 品牌服装设计 [M]. 上海：东华大学出版社，2010.

图1-1　品牌特征一：简洁的标志

图1-2　品牌特征二：成串的人造珠宝

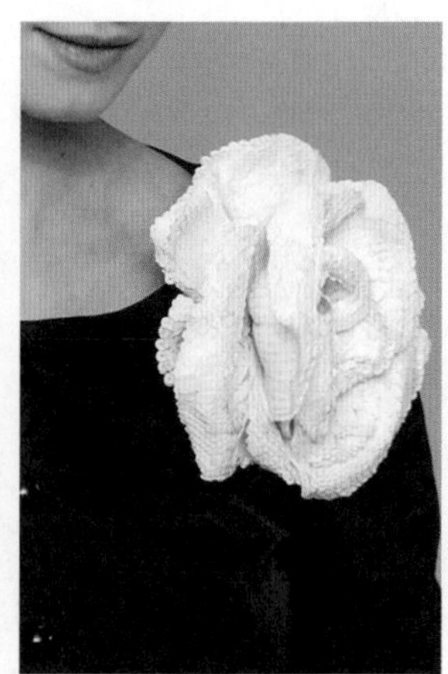

图1-3　品牌特征三：山茶花

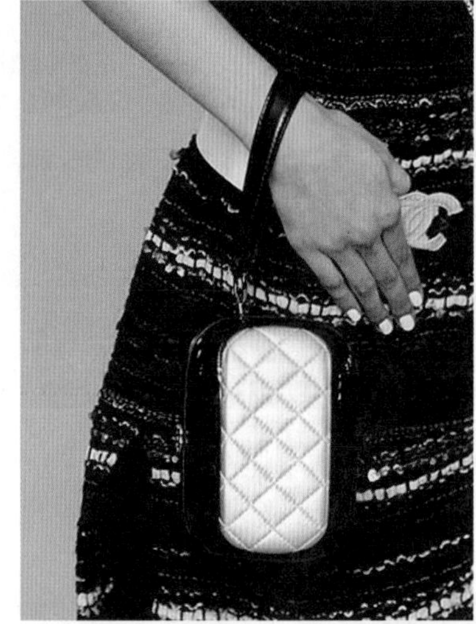

图1-4　品牌特征四：格菱纹皮包

图1-5　品牌特征五：小黑裙

图1-6　品牌特征六：简洁的专卖店

图1-7　品牌特征七：简洁的香水瓶

图1-8　品牌特征八：夏奈尔亲自设计的珠宝首饰

图1-9　品牌特征九：自信、优雅、干练的广告模特

图1-10　品牌特征十：独具魅力的夏奈尔本人

这些要素勾勒出鲜明的品牌视觉形象。由于视觉设计具有的直观性、生动性、快速性，如今它在商业上应用的广泛程度已令人咋舌。

视觉识别系统是企业形象识别系统的重要组成部分，是企业识别（CI）系统的外貌。其主要作用是将企业无形的理念、文化、战略措施、目标等内容转换成可感的视觉符号，通常利用平面设计等手法进行统一化、标准化、专业化的视觉识别表现。[1]

将非可视内容转化成为视觉识别符号，就将品牌独特的文化、鲜明的人物个性、丰富的内涵用最准确动人的图像（包括图形、色彩、文字符号等）瞬间表达出来了，使人免去了长篇累牍的阅读理解过程。如果你只是用文字去描述“独立”“自信”“富有魅力”这几个词，那么带给人的感受是较为单薄的，但在看到品牌视觉识别系统的几秒钟内，通过干净明快的黑白色调、简洁别致的双C标志，你就能感受到一种鲜活的女性形象——骨感清秀、神情娇俏的女子，再加上中性化数字命名的香水瓶、大方舒展的店面，这些视觉元素都会在霎那间击中你的心，带来鲜活、真实的印象。这比重复“独立”“自信”“富有魅力”等文字千百次要更吸引人。这就是视觉的力量。

时装品牌的产品以人为载体来呈现，同时服务于人。我们从上文对夏奈尔品牌的分析中可看出，品牌塑造出了一个“夏奈尔”，一个既虚幻又真实的人物，它存在于品牌广告中，存在于设计师形象中，存在于标志背后，存在于产品之中。而时装品牌也像一部小说，在塑造人物角色的同时，不停地构思情节，设置悬念。我们通过研究大量的时装品牌发现，成功的时装品牌大多具备类似的特征。所以，从这个角度来说，时装品牌视觉识别设计的核心任务是：“塑造人物，讲述故事”。至于如何完成这项任务，会在后续的章节逐一加以介绍。

第三节　企业识别、视觉识别、行为识别、理念识别概念辨析

与视觉识别相关的还有几个概念如企业识别、行为识别、理念识别等，从一开始就把这几个概念弄清楚还是很有必要的。

企业识别，CI是英语Corporate Identity的简写，其中Corporate是指法人、团体、公司（企业），关键是Identity这个词，它大致有三方面的含义：证明、识别；同一性、一致性；恒持性、持久性。企业识别往往引申为企业形象统一之意，从第二次世界大战后的欧美国家开始兴起，到20世纪70年代传入日本，再到80年代引入中国。在世界范围内，其作用与地位已经得到了广泛的确定与认可。在传入日本后，善于学习、借鉴的日本人又将CI扩展推进提升为CIS，即Corporate Identity System，译称为企业识别系统或企业形象统一战略。

---

[1] 陈绘. VI设计[M]. 北京：北京大学出版社，2017年.

在企业识别系统（CIS）中，原有的以视觉识别（VI）为主的设计内容被上升为三个部分或称为三个战略体系，即理念识别（Mind Identity，MI）、行为识别（Behavior Identity，BI）、视觉识别（Visual Identity，VI）。三个层面在企业识别系统中是一个相互关联、协同促进的整体，各自从不同侧面或不同层次共同塑造企业的独特形象，推动企业的发展。

理念识别，即“MI”（Mind Identity），是企业识别系统中的一个重要组成部分，“Mind”可译作“心”“精神”或“灵魂”，通常被看作是企业的“想法”。当然，目前许多研究者认为，理念识别突出的不仅仅是“Mind”，更为重要的是“Identity”，于是理念识别所包容的最新含义得以突现，即能被简化、被浓缩、被迅速传播、被普遍地识别、被认同的精神，这也是理念识别概念的生命力所在。理念识别作为企业识别战略的核心所在，它将贯穿企业活动的每一个领域的每一个细节。

行为识别，即“BI”（Behavior Identity），被认为是企业识别的“做法”，它是企业活化行为的执行，通过企业的经营、管理以及公益行为等活动来传播企业的思想，使之得到内部员工和社会大众的认同，以建立起良好的企业形象，创造有利于企业生存和发展的内部空间及外部环境，进而顺利实现企业识别总目标。企业行为识别是区别于企业的一般性行为，具有独特性、一贯性、策略性的特点，它时刻传播着企业的信息。首先，企业行为识别的独特性体现在——企业的行为始终围绕着企业理念识别而展开。企业理念识别一旦制定，企业便会充分利用各种媒体和传播手段，采取多种多样的方式来获得内部员工和社会大众的认同；其次，企业行为识别的一贯性是指企业行为识别既是企业形象塑造过程中的执行活动，更是一项系统的投资行为，只有长期地执行、贯彻下去，才能有所回报；最后，企业行为识别的策略性是指在企业形象塑造过程中，执行者要具备灵活应对的能力，同时要始终朝着企业识别的总目标有计划、有步骤地采取行动。

视觉识别，即“VI”（Visual Identity），被认为是企业识别的“脸面”，它是企业识别系统中最具传播力和感染力的层面。视觉识别以视觉传播力为动力，将企业理念、文化特质、服务内容、企业规范等抽象概念转换为具体视觉语言，以标准化、系统化的统一手法，塑造企业独特形象。

简言之，理念识别是企业识别系统的大脑和灵魂，行为识别是企业识别系统的骨骼和肌肉，视觉识别则是企业识别系统的外表和形象。企业文化作为供血系统一旦形成，企业识别系统就有了生命力。企业识别系统是现代企业经营发展的一种整体识别概念，是一种借改变企业形象，注入新鲜感，使企业引起更为广泛的外界关注，进而提升业绩的技巧。这种结合现代设计观念的整体性运作，将企业作为设计对象进行整体设计，使社会大众更容易识别企业性质。这种设计不以零碎的、不规则的、单一的形象显示，它强调统一化、规范化、标准化，旨在强化企业形象，让人产生亲切感和新鲜感，进而提高知名度，来获得更好的经济效益。不过，作为设计师，一般能积极参与进去的，主要还是视觉识别部分，这也是本书重点讨论的范畴。

第四节　时装品牌视觉识别系统的构成

在整个企业识别系统中，视觉识别是外在的具体形式和体现，是最直观的部分，它以形式美来吸引人，是人们最容易注意并形成记忆的部分。所以它是本书的重点，以后各章节都将围绕它而展开。

一、视觉识别系统的一般构成

视觉识别由两大部分组成，分别是基础部分和应用部分。

基础部分包括标志、标准字体、标准色、辅助色、吉祥物、辅助图形及其相应的组合关系。在基础部分设计中又以标志、标准字体、标准色为设计核心，一般称其为视觉识别的三大核心。整个视觉识别系统建立在三大核心所构成的基础上，而标志又是核心之核心，它是综合所有视觉要素的核心，是促进和形成所有视觉要素的主导力量，因此，也有人称之为主图形或核心图形（图1-11）。

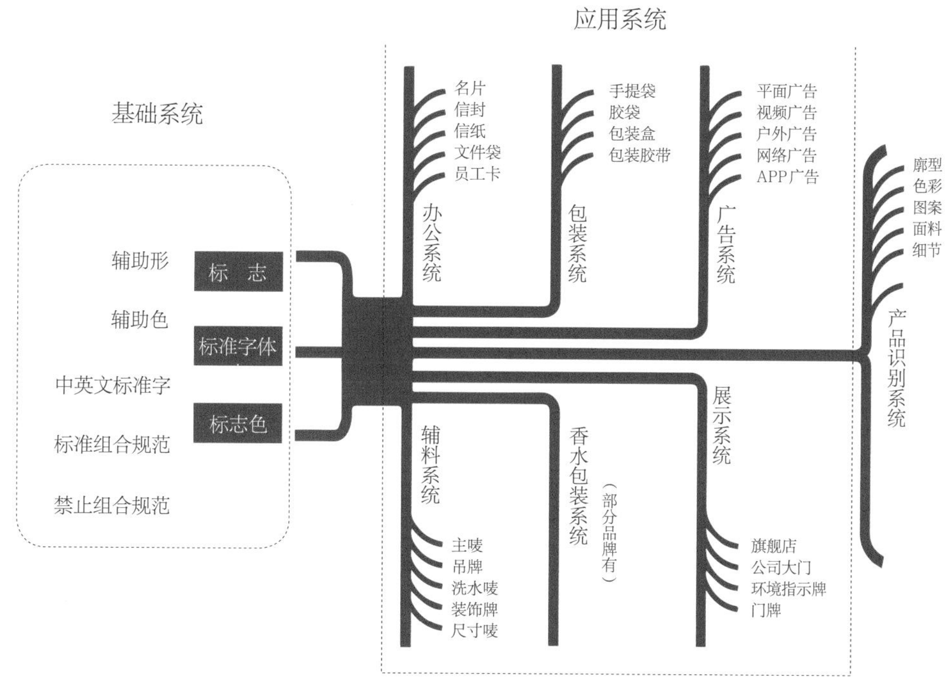

图1-11　视觉识别系统的一般构成

应用部分是基础部分的扩展与延伸，是视觉识别在各种媒介上的体现。应用部分的开发，可以根据企业经营的内容与产品的性质，以及事业规模、经营策略、市场占有等因素逐步设计开发，分步实施。应用部分包括广告系统、展示系统、包装系统、办公系统、辅料系统等。在这里，我们可以用一棵树做比喻，基础部分就是树根，是视觉识别设计的基本元素，而应用部分则是树枝、树叶，是品牌视觉形象在各种传播媒介上的表现。

图1-12所示为CHANEL视觉识别系统的基本构成。

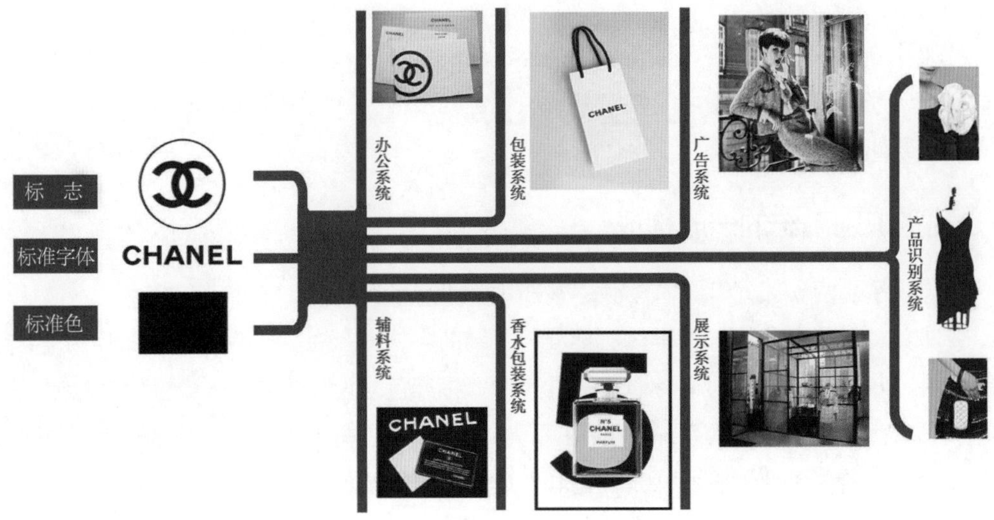

图1-12　CHANEL品牌的视觉识别系统构成

二、时装品牌视觉识别系统的特点

时装品牌的视觉识别系统与其他行业不同，有自己的独特之处，主要体现在三点：人物、产品与特殊应用类别。

1. 人物

时装品牌视觉识别系统的核心是人物。塑造人物是时装品牌的硬功夫，广告则是表达人物最有力的武器，也是最有效果、更新速度最快的部分。

2. 产品

时装产品的更新速度较快，每次推出的产品数量也较多。优秀品牌的时装产品上总带有鲜明的品牌烙印。产品识别系统（Product Idientity, PI）与品牌视觉识别系统有密切的关系——前者是后者的实物基础，后者围绕前者而展开，是前者的视觉想象。

3. 特殊应用类别

在时装品牌视觉识别系统里，辅料系统是较为特殊的应用类别，其中包括吊牌、主标、洗水标等，是服饰产品不可缺少的附件。其次是包装系统中的香水瓶设计。香水产品是各个著名时装品牌纷纷推出的重要产品类别，盈利颇丰，香水瓶设计的重要性自然不在话下，有些甚至由设计总监亲自操刀，如伊夫·圣洛朗（Yves Saint Laurent）就设计了十分典雅的香水瓶。最后，时装的展示系统也是比较特殊的部分，旗舰店铺具有极大的创意性，对消费者来说是一个立体的、复杂的、时尚的、直接的体验空间。

第五节　时装品牌视觉识别系统的设计原则

视觉识别在企业形象识别系统设计中最为直观、具体，与社会公众的联系最为密切、贴近，因而它的影响面也最为广泛。但是，视觉识别的设计不是机械的符号制作，而是以理念识别为内涵的生动表达。只有遵循一定的设计原则，视觉识别设计才能多角度、全方位地反映企业的形象特征。

一、视觉识别设计原则

1. 以“理念识别”为核心的原则

完整的企业识别系统中的视觉识别设计不同于一般的美术设计。根据企业识别的结构，视觉识别是企业理念的视觉表达形式。视觉识别设计除了依循一般的美学原理、设计构成法则外，还需注重企业的理念精神。视觉识别设计要素是借以传达企业理念的重要载体，脱离了企业理念的符号设计是起不了多大作用的，它只能是一种缺乏内涵的图解。优秀的视觉识别设计都是能成功表达企业理念的作品。

2. 人性化的设计原则

现代设计需要以充满人性的作品来感动消费者，让消费者感到亲和，使其接纳该商品，这是现代设计的基本点所在。设计的最终目标是为人服务，无论设计的角度多么不同，它最初的出发点以及最终的落脚点都应该着眼于目标消费人群这个特殊的受众对象。成功的视觉识别设计往往都具有人性关怀的特征，都是具有亲和力的设计。

3. 突出民族个性、尊重民族风俗的原则

各民族的思维模式不同，带有民族特色的设计，才能被本国人所认同，进而才能赢得世界的认同。另外，设计过程要兼顾视觉识别符号在发展过程中形成的民族习惯，在不同的文化区域有不同的图案及色彩禁忌。由于社会制度、民族文化、宗教信仰、风俗习惯的不同，各国又都有专门的商标条例，对牌号、形象都有不同的规定和解释，所以在设计时要特别留心。

4. 符合形式美的原则

视觉识别设计，应该符合形式美的造型规律，能在人们视觉接触中唤起美感，引起美的共鸣。所以在设计时，要注意到图形的比例和尺度的统一与变化、均衡与稳定、对比与协调等问题；同时还要注意到设计必须运用世界通用的形态语言，避免一味地追求传统、狭隘的形态语言而造成沟通上的困难；要注意吸取民族传统的共通部分，努力创造兼具本民族特色和世界审美大潮的语言形态。现代设计的变化是不断丰富且逐步提高的过程，所以要关注设计态势的不断变化，将设计建立在一个相对领先的位置上，才会更具时代感和先进性。

5. 强化视觉冲击力的原则

现代视觉识别设计不仅要有显著的差异性，而且要做到远看清晰醒目，近看精致巧妙，从各个角度、各个方向上看去都有较好的识别性，这就是设计中常常提到的视觉冲击力的问题。要充分运用线条、形状、色彩等形式手段，尽可能地化繁为简、化具体为抽象、化静为动，这样视觉识别系统设计将具有良好的视觉冲击力。

6. 可实施性原则

所谓可实施性原则，就是在设计时应考虑其设计在实际使用中的可能性与可行性，包括制作成本、时间、媒体、印刷极限、大小、材质等。视觉识别设计不是设计人员的异想天开，而应具有较强的可实施性。如果在实施上过于麻烦，或者因为成本昂贵而影响了实施的进行，那么再优秀的视觉识别设计也会由于难以落实而成为纸上谈兵。同时，设计人员必须考虑到视觉识别设计应用在不同的媒体上的传达效果，如喷绘在汽车上，那么汽车在正常行驶中也应能清楚地被看到。视觉识别设计要可灵活地应用在电视广告、霓虹灯广告、建筑物以及其他印刷品等媒体上。另外，国内的企业应当顾及企业自身的规律、经济实力以及其物质文化环境，有选择地制订视觉识别设计规划，而不应该片面地追求所谓的“标新立异”。

7. 法律原则和严格管理原则

视觉符号多用于商业活动，而所有视觉符号设计都必须符合商业法规。同时，视觉识别系统千头万绪，在积年累月的实施过程中，要尽量严格地遵循手册的规定，自始至终要做到不变形，放大或者缩小都要有统一的视觉效果。

二、时装品牌视觉识别系统的设计原则

时装品牌的视觉识别系统除了遵循一般的设计原则之外，还有特殊要求，就是追求时尚，在变与不变中保持平衡的设计原则。

时装品牌与其他行业品牌最大的区别在于，其以追求时尚为自己的基本宗旨，而时尚变化之快是任何其他行业都望尘莫及的。当时装品牌形象开始落伍的时候，也正是品牌自身面临严重危机的时候。但视觉识别系统必须在一定时间内保持其稳定性，不可能频繁变化，所以时装品牌的视觉识别系统设计面临着求新和求稳的双重要求。最好的设计是当品牌经历了时间的沉淀而成为经典老品牌的时候，其标志的魅力依旧，无须更改。例如，伊夫·圣洛朗（YSL）的标志在今天依然优雅而无懈可击。时尚中有些东西是历久常新的，例如风格，YSL正是抓住了一种经久不衰的风格特质，提炼出自己的鲜明形象。

当标志成为一个不变的元素时，求新的要求可以通过刷新速度比较快的时装广告或形象代言人来满足。著名的时装品牌夏奈尔（CHANEL）启用了众多的新人模特来诠释品牌在不同时期所推崇的形象。这些品牌形象代言人虽然在不断变化，但她们都有着共同的特质，也是夏奈尔（CHANEL）的特质——独立、自由、优雅。当变与不变成为一种平衡的时候，时装品牌也就真正地成熟了。

品牌产品与视觉识别系统的关系

课题内容： 产品识别的概念

产品识别与视觉识别的关系

经典品牌视觉识别分析——福神（EVISU）

时装品牌视觉识别分析——天意

课题时间： 4课时

教学目的： 理解品牌产品与视觉识别系统的关系理解产品识别的概念，了解标志等基础要素与产品识别的关系，以便在保持品牌核心识别不变的前提下，设计出丰富多彩的产品系统

教学方式： 课件PPT展示，教师讲述

教学要求： 引起学生的思考，帮助学生理解两者关系

第二章　品牌产品与视觉识别系统的关系

第一节　产品识别的概念

在上一章，我们了解了企业形象识别（CI）、理念识别（MI）、行为识别（BI）、视觉识别（VI）四个概念，如果仅从设计专业的角度来学习、研究，一般只涉及理念识别和视觉识别两部分，行为识别则可纳入企业管理的学习范畴；而从时装品牌的整体化设计所涉及的方面来看，又必须深入了解产品，才能更好地理解视觉识别系统的内涵、结构与形式，所以这里要涉及“产品识别”这个概念。

那么，什么是产品识别呢？一个优秀品牌的产品往往在多个季度系列中呈现出某种相似性，这种相似性形成一种区别于其他品牌的特征（如色彩特征、图案特征、造型特征、使用特征等），这种特征往往与品牌视觉识别（VI）和理念识别（MI）有着极为密切的关系。

产品识别（Product Identity，PI），这个概念一般在工业设计领域用得较多，在时装设计领域较少提及，而且从文献和公开发表的研究成果来看，目前关于产品识别的研究还处于起步阶段，产品设计师、企业和研究者还没有形成一致的看法，所以引入这个概念有一定的难度，但它又是不可回避的。所以，笔者综合了各种产品识别的定义，结合时装产品的特点，从品牌视觉识别的角度再加以整合，初步定义如下：

产品识别包含三个层面：一是视觉层面（包括色彩、造型、视觉质感识别等，也就是本章题目所提到的产品视觉识别），二是功能层面（包括用户体验识别等），三是精神层面（与品牌理念识别相一致）。

第二节　产品识别与视觉识别的关系

为什么要引入产品识别这个概念呢？因为产品是直接面对消费者的一个具体、敏感而复杂的环节，也是品牌与消费者沟通链条的终端，它对于品牌价值的形成有决定性的影响。

有些品牌的产品识别与理念识别、视觉识别、行为识别严重脱节，是因为设计人才的流动性很大，往往出现品牌产品风格随着设计总监的更替而产生较大波动的状况，对品牌在消费者心目中的形象地位极其不利。如果企业管理者的准确地把握产品识别、视觉识别与人的关系，那么无论哪一位设计总监上任，品牌产品风格都能稳定延续，品牌形象也不会受损。另外，目前市面上有些较为低劣的视觉识别设计与品牌的产品脱节，让企业做了许多无用功。若我们在学习之初，就理清这四者的关系，以后就不会再犯这类错误，节省人力、物力。四者的关系如图2-1所示。

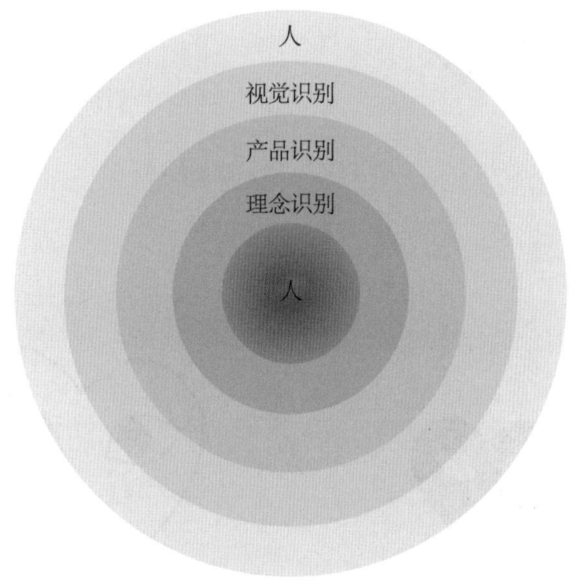

图2-1　理念识别、视觉识别、产品识别与人的关系

其中，人物不仅是所有设计的核心，而且还是品牌与顾客最深层的纽带。上述结构图中的两个"人"，一个在内核小圆，一个在外面的大圆，可以理解为，内核的"人"是被品牌塑造出来的理想化的时尚人物，外圈的"人"是真实消费者，消费者通过接触视觉识别系统，建立了视觉印象，再接触产品识别系统，有更深刻直接的体验后，与品牌理念产生共鸣就逐渐能理解内核的"人"了，外圈的"人"若与"内核"的人产生共鸣，则品牌与消费者建立起了真实而牢固的纽带。同时，产品识别是视觉识别的物质基础，视觉识别是对产品识别的强化与渲染，两者相互影响、相互制约。这种关系用语言表达较为抽象，我们可以来看几个具体案例：

一、标志造型与产品图案造型保持一致

日本川久保玲设计师品牌PLAY标志所塑造的心形被大量应用于品牌产品中，图形造型不变，只改变色彩、大小和位置。这种高度集中的图形设计思路，使品牌整体视觉形象非常突出。与很多时装品牌每年推出新的图形设计不一样，这样的设计方案，以不变应万

变，仿佛是古代的险要关卡，“一夫当关，万夫莫开”。可见好的设计不在于数量，而在于质量，如图2-2所示。

品牌标志将品牌个性发挥到极致，同时赋予了简洁产品鲜明的特征，PLAY品牌在标志与产品之间建立了紧密的关系，使整体视觉形象高度统一。

图2-2　PLAY的品牌形象

二、标志色彩与产品色彩保持一致

美国品牌汤米·希尔费格（TOMMY HILFIGER），品牌标志的色彩贯穿在大部分产品中，如图2-3所示。而这三种颜色的组合让人联想到美国国旗，具有自由、开拓、活力的个性象征，如图2-4所示。因此，该品牌的标志色彩与产品色彩都统一在红白蓝的色调之下，是美国式的开朗、休闲、活力的个性表现，具有很强的识别性。

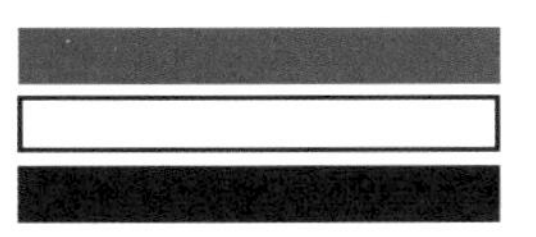

品牌标志中的红白蓝三种颜色贯穿在品牌的产品中，形成一种既统一又活泼的风格，把美国式的运动气质表达得淋漓尽致。既强化了品牌形象，又有鲜明的产品特征，同时还可以降低染色成本。

图2-3　TOMMY HILFIGER的品牌形象

图2-4　美国国旗的色彩构成

图2-5 DKNY的品牌形象

三、标志风格与产品风格保持一致

唐可娜儿（DKNY）品牌标志中简洁利落的字体造型风格与该品牌简约服装的造型相一致，表达出都市时尚女孩的风范，如图2-5所示。

图2-6 MISSONI的品牌形象

四、标志底纹与产品面料特征建立内在联系

米索尼（MISSIONI）品牌产品上有着波浪形的彩色条纹，既华丽又雅致，具有波西米亚的浪漫气质和意大利的优雅格调，是该品牌的最显著的视觉识别特征。MISSIONI品牌标志既代表了创始人的家族的姓氏，其首字母M和全称标志字体又与面料特征结合在一起，象征着彩色波浪形条纹面料的图案，非常巧妙。

第三节　经典品牌视觉识别分析——福神（EVISU）

产品识别（PI）与视觉识别（VI）的关系并非一个结构图那么简单。一个好的品牌，往往是用视觉讲故事的高手：首先要找到一种产品，既能满足创始人的某种欲望，又能代表某种正在兴起的生活方式，然后要寻找对应于这种产品和精神的视觉符号，再构建出一个具有逻辑结构的视觉和实物体系；此外，更要设置悬念，在一个坚实的品牌内核外，上演一幕幕的时尚戏剧，吸引消费者。更高明的，则会在设计中体现出本民族的特色，在国际市场上形成较高的识别度。接下来，我们举一个日本牛仔品牌的例子，进一步加以说明。

日本街头品牌福神（EVISU）是由日本设计师山根英彦于1991年创建的（图2-7、图2-8），它讲的是一个充满民族个性的故事。设计师使用日本传统语汇，用幽默的方式表达出自由的个性，使之超越了西方老牌牛仔品牌李维斯（Levi's），成为日本乃至世界范围内的著名街头服饰品牌。

图2-7　EVISU品牌创始人山根英彦

图2-8　EVISU品牌2015年的产品

一、寻找一种产品

福神（EVISU）品牌的产品是基于传统工艺创造出来的。创始人山根英彦在日本大阪创立品牌时，发现很难在市场上寻找到高质量的经典传统型牛仔裤，出于对牛仔裤的热爱和对现代大规模制衣业的失望，决心为像他一样热爱牛仔裤的群体打造一个品牌，福神（EVISU）品牌孕育而生。他在一次旅途中发现一台1950年美式织布机，这台织布机一天仅可以织出40米的丹宁布，由此确立了坚持手工制作、创立高品质牛仔裤经典品牌的思路。后来，福神（EVISU）品牌采用19世纪20年代的古董缝纫机，裤型参照19世纪50年代的李维斯（Levi's）“501XX”传统款式，制造新一代的日本牛仔裤，注重撞钉的风格、裤骨制法、布料质感、牛仔布编织方法、布卷标、后袋形状、车线纹路等细节设计，在福神（EVISU）最初的生产线，每天仅能出品14条牛仔裤（图2-9）。

图2-9　EVISU牛仔裤精湛的工艺细节

福神（EVISU）品牌的日本版为手工牛仔裤，裤型采取传统样式，并没有很大的变化，主要差别在于丹宁布的不同。福神（EVISU）牛仔裤使用的是传统丹宁布织法（飞梭来回），不同于目前市面上量产牛仔裤的单线织法，所以每一条手工的福神（EVISU）牛仔裤在造型上多了复古的味道以及不规则的布纹装饰，同时牛仔布还要经过“季节化处理”的过程，才可用来制造牛仔裤，最后福神（EVISU）还要求使用者不要修改裤脚，不可刻意洗擦，让它自然摩擦，这样才会变成一条紧贴自己体形的牛仔裤。整个过程大概花两年时间，这种传统的用料和使用方法使得每一条福神（EVISU）牛仔裤都被塑造出了独特的味道。

福神（EVISU）牛仔裤虽然继承了经典牛仔裤的工艺、板型与用料，但是面对拥有150年历史的美国牛仔裤经典品牌李维斯（Levi’s），一味地模仿只能使自己跟在别人身后亦步亦趋，非常被动，所以山根英彦确立了产品制作风格后，进入了整体品牌构思阶段（即建立品牌识别系统，命名、设计标志、提炼产品识别特征等），在这个阶段，他既模仿了经典，又超越了经典，开创了新的格局。

二、确定品牌名称

生于海滨城市日本大阪的创始人山根英彦，在其品牌的名称中使用了日本传统语汇——“EBISU”的近音近形词“EVISU”。该品牌的中国粉丝喜欢将EVISU译为“福神”，这源于中日两国传统福文化的同源性特征。日本福神属于日本宗教，由七福神（包括六位男神、一位女神）共同构成，七福神是掌管幸福的神，融合了神道教、道教、佛教、婆罗门教等来自日本、中国、印度的众多吉祥天神。山根英彦更将福神具体确定为日本神话中海神之一的惠比寿（亦称惠比须、夷，日语：えびす），是渔民信仰的海上守护神，后来由于海运的兴起而成了商业神、财神，被日本崇为保佑买卖兴隆的守护神，因为惠比寿神教给人们用鱼和农作物进行物物交换，他还可保护人们旅途平安、交通顺利，倍受百姓欢迎。起这样一个名字，一方面使品牌带有了很强的日本特质，便于该品牌在国际范围内建立起强有力的民族化识别特征；另一方，福神文化的传统性又与品牌街头文化的定位产生冲撞与对比，形成一种矛盾的张力美，加强了人们心中的烙印，使福神（EVISU）品牌获得了更高的认知度。此外，“EVISU”与“Levi’s”在拼写方面非常相似，也有模仿经典品牌的意思，但因为日本神话而具有了更多的民族特色。福神（EVISU）既有意无意地借了李维斯（Levi’s）的东风，让人产生似曾相识的联想，又突破了李维斯（Levi’s）原有的格局，创造出新的品牌个性。

三、设计品牌标志

福神（EVISU）品牌的LOGO为一个犹如海鸥的M字图案，让人便于记忆又印象深刻。关于LOGO图形的诞生，山根英彦曾在2003年底接受《城市画报》的专访中谈及当初创作古典旧款牛仔裤的情形，当时做出的牛仔裤当然没有现在所能做到的那么完美，牛仔裤的整个工序完成之后，觉得少了点什么，于是，他将所热爱的李维斯（Levi’s）的经典牛仔裤后口袋的“M”型缝线装饰，演变成在天空中无拘无束翱翔的抽象海鸥图形（图2-10、图2-11）。看着这个图形，你能感觉到山根英彦先生面对经典时幽默轻松的态度。这一画，就画出了新的品牌格局。正是这种在精心制作的牛仔裤上随意涂鸦的动作，体现出一种无所畏惧的勇气，有一种挑衅的意味。这就是街头精神的本质——挑战权威，颠覆传统（图2-12）。

图2-10　Levi’s的品牌标志

图2-11 EVISU的品牌标志

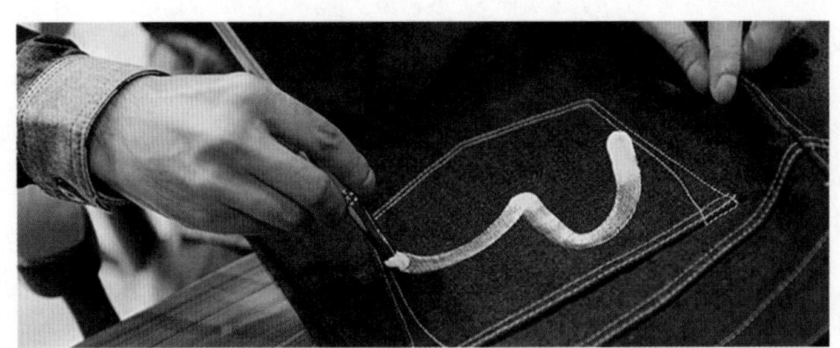
图2-12　手绘的自由海鸥形象代替了Levi's的后裤袋车线

四、建立品牌的视觉逻辑

牛仔裤上的手绘图案多取自福神的传说与日本传统图案，如福神惠比寿的形象，大多是祥和可爱的面孔，厚厚的嘴唇和大耳垂，他不再是神秘的神仙，而有种日本漫画式的亲和气质。除此之外福神常用的钓竿形象、鲷鱼形态、福神的别号“戎”字等图形都会出现在福神（EVISU）牛仔裤中，这些传统图形元素和具有街头气息的牛仔裤碰撞出独特的街头叛逆风格（图2-13~图2-15）。

综上所述，品牌的海鸥型标志、福神形象、福神延伸出来的鲷鱼、字号、涂鸦的手绘笔触以及古典工艺制作而成的牛仔裤等视觉符号共同组成了一个充满矛盾与张力，具有故事性、生机勃勃的体系。至此，福神（EVISU）品牌内核就基本成型了，这是一个从模仿到超越的过程。

图2-13　福神形象设计

图2-14　产品中的福神形象

图2-15　产品上的鲷鱼形象

作为日本街头文化的代表品牌，福神（EVISU）品牌最具启发性的有两点，一是对待传统的态度，尊重、继承、调侃与反叛，善用传统文化符号，善于模仿现有的经典，以传统符号反传统，以经典牛仔反经典美国精神。二是品牌视觉语言的逻辑结构滴水不漏，环环相扣，构建出既富民族特色、又具有完整视觉逻辑的品牌视觉识别系统，使日本传统文化在新时代中有了重生与发展。福神（EVISU）品牌的成功为中国服装界提供了很好的借鉴。

第四节 时装品牌视觉识别分析——天意❶

中国本土品牌天意的产品采用了极具特色的中国本土面料——香云纱，它让人知道了一种得天独厚的服装材质，而这种材质又与产品的中国风相得映彰，整体品牌构思在于“天人合一”（图2-16、图2-17）。

图2-16 天意品牌的标志

图2-17 天意品牌的时装发布会（2019年）

香云纱又名薯莨绸、荔枝绸、黑胶绸等，是广东特有的一种传统丝绸面料。其生产可追溯到明朝，至今已有600多年的历史。它绸面黑亮，穿着凉爽舒适，素有丝绸产品中“黑色明珠”的美誉。与其曼妙美丽的名字相反，香云纱色泽沉实，质感独特，风格古拙幽静。香云纱为双面异色，背面为棕色，正面为富有光泽的黑色，其光泽柔润深邃，带有一种幽然深远的意味。与普通丝绸柔软粘糯的手感不同，香云纱具有明显的纸质感，具有坚挺爽滑的身骨。香云纱这些特殊风格的形成主要源于其特殊的加工工艺（为便于叙述，后称为香云纱工艺）：它以野生植物薯莨的块状根茎为染料，将坯绸进行反复的浸染和暴晒，然后在绸面上涂覆特定的泥浆，待绸面变色后即完成加工。经过这种工艺处理，香云纱不仅完成上色加工，而且其绸面在反复的浸染和暴晒过程中，逐渐形成了一层天然涂层，正是这层涂层赋予香云纱与众不同的质感和凉爽宜人的穿着特性。此外，香云纱的得名也与涂层的存在有关。因质感挺爽，制成的服装在穿着时容易发出“沙沙”响声，故先得“响云纱”之名，后才谐音美称为“香云纱”。❷

❶ 教育部人文社会科学研究项目(11YJA760038)“印染类非物质文化遗产的传承与创新策略研究——以香云纱染整技艺为例”(主持人：李维贤)的阶段性研究成果.

❷ 李维贤，师严明. 香云纱工艺——一种古老的环保深层技术 [J]. 广西民族大学学报(自然科学版)，2009(7)：38-42.

香云纱染整技艺是第二批中国国家级非物质文化遗产之一。天意品牌崇尚环保，坚持自身风格，在服装设计中大量运用麻、棉、丝、毛等天然面料，尤其是香云纱。香云纱作为中国独有的古老的生态环保面料珍品，在历史长河中一度濒临灭绝，是“天意”品牌设计师梁子发现了它，并对其进行保护、开发、创造，以香云纱制成四季时装，从而使“天意莨绸”成为时尚界独一无二的闪亮风景。

将天意品牌各个时期发布的产品进行梳理，再将它与日本“福神（EVISU）”品牌进行比较，你会发现两个品牌有共同之处，就是将传统手工艺进行保护、开发、创造，一个是复兴了传统手工牛仔裤的制作工艺，一个是继承了传统面料染整工艺，而且走的都是高端路线。但两个品牌的设计思路却有很大的不同：“天意”重在传承，把香云纱的含蓄之美发挥得淋漓尽致，产品造型典雅、色泽古朴，所塑造的人物关键词为古典、优雅、含蓄等（图2-18、图2-19）；而“福神（EVISU）”品牌的特点却在于破坏，它表面上原汁原味地保留了传统牛仔的制作工艺，但是骨子里却是在宣扬一种叛逆精神，牛仔裤这种产品本身就带有叛逆性，灰蓝色系有一种风尘仆仆的沧桑感，它在这个基础上用涂鸦式的手绘和醒目的日式图案来破坏古典牛仔在色彩上的整体性，塑造了一种极为喧嚣的视觉效果。

图2-18　天意品牌塑造的人物形象（2019年）

图2-19　天意品牌塑造的人物形象（2019年）

虽然两个品牌各有各的思路，但从世界范围的影响力来说，“天意”略逊一筹。“福神（EVISU）”被誉为是殿堂级牛仔品牌，受到好莱坞明星的追捧，在年轻人中也有大量的粉丝，它集传统工艺、设计、潮流、话题性于一身，使日本传统文化在世界时尚舞台上大放异彩。相比之下，“天意”则影响力小得多。这有很多原因，也许其中一个原因就在于对待传统的态度，“天意”比较小心谨慎，多为传承，缺少“破”的勇气。

就品牌视觉识别的核心任务——塑造人物而言，“福神（EVISU）”塑造的是一个个性复杂、极具争议性的性感偶像，而“天意”塑造的却是一个较为单薄的正面人物，即所谓的大家闺秀。而要成为时尚界的顶尖品牌，一个单纯正面的人物显然是缺乏吸引力的。纵观各大奢侈品牌“迪奥（Dior）”“范思哲（Versace）”“普拉达（Prada）”“阿玛尼（Armani）”等，所塑造的人物形象无一不是个性鲜明，充满矛盾张力的。著名的“唯美主义”先驱王尔德曾说：“把人分成好和坏的是荒谬的。人要么是迷人，或者乏味……邪恶是善良的人们编造的谎言，用来解释其他人的特殊魅力。”一个真正有魅力的品牌大概总有带一点点叛逆的味道，否则会过于乏味。

手工艺的复兴已成为时尚界近年来的一股潮流，人们在日益繁忙的现代世界中，越来越怀念手工艺产品所代表的自然、缓慢、原始、质朴的生活方式。中国传统手工艺博大精深，是取之不尽的宝藏，香云纱就是其中一例。那么，我们应如何运用这些珍贵的原料，来打造真正具有巨大魅力和商业价值的时尚品牌？本书后续章节将进一步探讨。

理论结合
实践课

时装品牌的命名

课题内容： 时装品牌命名的方法

时装品牌命名的原则

课题时间： 4课时

教学目的： 掌握时装品牌命名的方法、价值、原则、思路

教学方式： 课件PPT展示、教师讲述

教学要求： 帮助学生掌握品牌命名的方法

第三章　时装品牌的命名

第一节　时装品牌命名的方法

一、品牌命名的产业化

在发达国家，品牌命名早已成为一支独立的新兴产业。贺川生先生在《美国语言新产业调查报告：品牌命名》一文中指出：

品牌命名是一种利用语言进行商业宣传的社会语言应用现象。最近几十年来，美国语言工业在语言教育、翻译、术语等产业的基础上又派生出一种直接用语言服务企业、服务经济的新产业——品牌命名产业。这一新兴产业是适应社会分工、新技术革命和新经济的兴起而产生的。虽然这一产业的历史并不长，但在当今美国企业界和经济生活中发挥越来越重要的作用，受到企业界、语言界、经济界、广告界的广泛关注。我们十分熟悉的奔腾（Pentium）、康柏（Compaq）、金霸王（Duracell）、帮宝适（Pampers）、新奇士（Sunkisi）、雪碧（Sprite）等这样一些美国著名品牌名称，它们不但是美国经济实力的标志，而且还是这种语言新产业的产品。

美国的命名产业历史并不长，只有20年多一点。作为一种新兴产业，近年来它受到美国实践界和理论界的关注。1998年9月16~18日，美国第一家专业命名公司的创始人Nas-eema Jved在芝加哥国际问题研究所作了题为“超级公司必须有超级品牌名称”的报告，他详细地介绍了美国命名产业的历史发展，品牌命名的困难和问题，国际品牌命名的最近趋势，国际市场上的语言问题，命名的成败，全球性公司的品牌名称结构，名称的力量以及命名的规律。这是实践界对品牌命名产业的一次总结。1999年1月8日在美国语言学学会第73届年会的名为“语言事业：未预料到的机会”的专题学术研讨会上，斯坦福大学语言学教授、语音学家WilliameLben作了题为“命名产业”的专题学术报告，这意味着学术界也开始对这一新兴产业关注起来。

任何一种产业的形成不但有其存在的客观市场需求，还需有理论作指导。从学科角度来看，品牌名称是一种跨学科的研究素材。从本质上说，品牌名称是用来区别商品和服务的专有名词，是属于专名学（Onomasties）的一个新研究范畴（Frank Nuessel 1992）。同时它们又是社会语用学和语言经济学的研究范畴，即如何制定出合适得体的品牌名称获得最佳经济效益。品牌命名英语（English in Branding）是一种特别用途英语现象，是广告语言的一个组成部分，属于社会语言学的研究范畴，是语言在社会经济领域中的直接运用，语言学各内外分支学科都可以在品牌名称及品牌命名中找到它们的应用，其研究可以归于广义的应用语言学。[1]

从文章中可看出，由于社会分工的发展，品牌命名在美国已经成为一种独立的产业，这也许是中国未来发展的趋势。品牌命名需要考虑营销战略、考虑不同语言之间的转换以及在商标局注册等问题。

二、时装品牌命名的定位理论

（一）定位理论的核心观点

品牌命名，首要任务是明确品牌的定位。美国营销学会曾评选有史以来对美国营销影响最大的观念，结果不是劳斯·瑞夫斯的（USP）理论或大卫·奥格威的品牌形象，不是菲利浦·科勒特所架构的营销管理及消费“让渡”价值理论，也不是迈克尔·波特的竞争价值链理论，而是艾·里斯和杰克·特劳特提出的“定位”理论。

“定位”（Positioning）概念在1972年由艾·里斯和杰克·特劳特在美国营销杂志《广告时代（Advertising Age）》上发表的一系列有关定位的文章中首次提出的。书中提出定位的定义：定位要从一个产品开始，那产品可能是一种商品、一项服务、一个机构甚至是一个人，也许就是你自己，但是，定位不是你对产品要做的事，定位是你对预期客户要做的事。换句话说，你要在预期客户的头脑里给产品定位。定位就是在市场上寻找位置。[2]因此，品牌定位其实就是一种心理战，研究顾客的心理地图，并找准自己的位置，集中火力，投下炸弹。

为什么要进行品牌定位呢？答案是因为我们的社会已经变成一个传播过度的社会。在这个传播过度的丛林里，获得成功的唯一希望是要有选择性，缩小目标，分门别类。简言之，就是“定位”。人们的头脑是阻隔当今过度传播的屏障，把其中的大部分内容拒之门外。通常来说，大脑只接受与现有知识或经验相适应的东西。在这个传播过度的社会里，最好的办法是传送极其简单的信息。你必须把你的信息削尖了，好让它钻进人们的头脑；

❶ 贺川生. 美国语言新产业调查报告：品牌命名 [J]. 当代语言学，2003，5(1)：41-53.
❷ 艾·里斯，杰克·特劳特. 定位 [M]. 王恩冕，等译. 北京：中国财政经济出版社，2002.

必须清除歧义，简化信息，如果想延长它给人留下的印象，还得再简化。定位思维的精髓在于把观念当作现实来接受，然后重构这些观念，以达到你所希望的境地。

综上所述，品牌定位是从营销学的角度提炼出品牌的特征，并尽量简化信息，使该特征非常鲜明，在消费者头脑中占据某一特殊的位置，便于消费者识别、记住、喜欢该品牌，购买其产品。

那么，如何为一个品牌定位呢？

艾·里斯的定位理论指出：定位的基本方法不是创造出新的、不同的东西，而是改变人们头脑里早已存在的东西，把那些早已存在的联系重新连接在一起。人类的大脑如同计算机的记忆库，它会给任何一个信息选定一个空当或位置将其保留在其中，人脑的运行原理与计算机十分相似。然而，两者之间存在一个重要的区别，对你存入的东西，计算机只能接受，而人脑却不同。事实上，两者的情况相反。人脑中有一个针对现有信息量的防御机制。它能拒绝无法“计算”的信息，只接受与其内部现状相称的新信息，其他东西则一概滤掉。[1]

艾·里斯强调占据第一位的策略，他认为屈居第二与默默无闻没什么差别。比如大家都记得世界最高峰是喜马拉雅山的珠穆朗玛峰，但却不知道世界第二高峰。第一人、第一高峰、第一个占据人们大脑的名称很难从记忆里抹掉。

（二）品牌名字在定位过程中的价值

就服装品牌来说，它在大脑中引起的是关于人物角色方面的联想。目前，谁也不可能再创立“第一个”男装品牌了，因为市场上已经有大量的男装品牌了。但是，在男装这个大类别下，还可以筛选出更细致的类别，有更多的诠释角度。下面，我们来比较一下中国几大知名男装品牌的名字，看看它们是如何诠释男性角色、如何定位的：

劲霸：有力量、有实力的男人（1980年创立）。

利郎：利——代表成功；郎——代表男人；利郎——成功的男士（1987年创立）。

七匹狼：速度快、有野性的男人（1990年创立）。

卡宾：外国名字，意指欧美风格的男士（1997年创立）。

汉崇：推崇亚洲的潮流时尚——韩国风格（1999年创立）。

速写：一种爱好和品味，文艺风格的男士（2005年创立）。

这几个名字给人的第一印象是极为不同的，它们使用了形容词、名词、外来语等不同语汇，通过夸张、比喻、联想等手法，提炼出男性的不同特点，这就使品牌的目标市场不相重叠，各自在大蛋糕上分割了一块专属自己的蛋糕。对这些名字进行深入分析，就可看到名字背后的品牌定位。

---

[1] 艾·里斯，杰克·特劳特. 定位[M]. 王恩冕，等译. 北京：中国财政经济出版社，2002.

再看看它们的广告语是如何进一步强化这些注解的：

1.“劲霸”广告语：39年不断改进夹克

从这个口号可以看出，“劲霸”将自己的产品类别集中于男性夹克这个男性消费频率极大的类别上，使之成为进入消费者头脑中的第一位男装夹克品牌，并且是品质最好的男装夹克。20世纪80年代的中国，刚刚改革开放，刚刚结束单一着装观念，人们开始向往更多的服饰形式，在一片灰蓝色的海洋里，男式夹克的新色彩、新细节、新面料都逐渐被人们接受。那是服装制造业的好时代，是产品为王的时代。“劲霸”能成就今天的局面，和它第一个以清晰的产品定位进入消费者的头脑有极大的关系。“劲霸”最早专注于男性夹克，它成为消费者头脑中第一个男装夹克品牌，而且“劲霸”这个名字强调男人的力量感、保护欲，很符合夹克这种产品使人产生的联想，也符合中国男性传统角色定位（图3-1）。

这种“第一位”的效应极为强大，2013年它在世界品牌实验室中评估出的品牌价值为269.58亿，远远大于比它晚10年创立的“七匹狼”品牌（46.29亿元）。此外，这种准确的定位持续了30多年，更使它所占据的位置难以被撼动。

图3-1　劲霸品牌官网形象（2019年）

2.“利郎”广告语：简约不简单

“利郎”创立时，“劲霸”已经占据了男装大部分江山，“利郎”于国内首倡“商务休闲”男装概念，虽然同样在塑造成功男性，但“劲霸”强调的是权威、力量和保护，“利郎”强调的是商务式的简约、精致、品质，可看到两者定位的差异化。“利郎”这个名字使人联想到“利落的男子”，非常清晰地表达出商务简洁的风格定位。但从利郎最近的官网形象来看，它在简洁风格的基础上更强调了轻松、年轻的感觉（图3-2）。

图3-2 利郎品牌官网形象（2019年）

3.“七匹狼”广告语：为你寻找心中的狼

“七匹狼”创立时面临“劲霸”和“利郎”两大竞争强敌，但是七匹狼的定位策略非常巧妙，并没有使用狮子、老虎等王者象征物来直接挑战“劲霸”，而是用“狼”这种以速度而不是力量著称的动物为品牌象征，先以“男人不只一面，品格始终如一”的广告语来表达男性不仅可以有粗犷、霸气的一面，也可以有敏捷的一面。其第一代产品——“变色夹克”准确地表达了这个定位。最近又推出了“为你寻找心中的狼”的品牌使命，再次强化了男性愿意开拓野性一面的勇气，它与“利郎”的差异在于前者强调男人的速度与野性，后者强调商务、简约，男人的理性。所以“七匹狼”是第一个占据顾客头脑中“具有野性的男装”这个空位子的。“七匹狼”这个名字借助狼的形象生动地表达出男人身上野性的美，使用的是比喻的手法（图3-3）。

图3-3 七匹狼品牌官网形象（2019年）

4.“卡宾”广告语：颠覆流行

“卡宾”品牌创立时，“劲霸”“利郎”“七匹狼”已经各自占领市场很多年了，而且“七匹狼”的定位——“男人不只一面”似乎涵盖了“劲霸”和“利郎”之外所有男性形象，再去塑造新的男性形象难上加难。卡宾没有正面挑战已有的男性形象，而是强调它是“中国第一个男装设计师品牌”，注重设计，包装“卡宾先生”，强化了“设计至上”的概念。“卡宾”这个名字是个外来语，一看会使人误认为是欧美的牌子，所以巧妙地表达出它的欧美风格定位（图3-4）。

5.“汉崇”广告语：流行便服

“汉崇”品牌则又转了一个方向，它的定位策略是抓住了新的时尚潮流，并且在两种服装类别中找到了一个中间地带，它在正装和休闲装之间找到了一个切入点——便服，一个还被人忽视的空位置，所以它成为第一个做“男装便服”的品牌。在风格方面强调板型的几何感、直线感、冷峻感。“汉崇”这个名字反过来似乎是崇拜男子汉的意思，它没有用“崇汉”这样直白的名字，而是保留了一点古语的味道，反而更有风度了（图3-5）。

图3-4　卡宾品牌官网形象（2019年）

图3-5　汉崇品牌官网形象（2019年）

6.“速写”广告语：生活就是做出选择，时装也是一样

“速写”品牌是江南布衣推出的一个男装品牌，它的成功不仅仅在于风格独特，它走韩式中性男士风格路线，休闲、精致、文艺范儿，更重要的是它是第一个走高端路线的小资男装品牌，而且是第一个用绘画品类来命名男装品牌的，强调一种有品位的爱好，一种生活方式，给人耳目一新的感觉。它的宣传语也颇有小资风范（图3-6）。

图3-6　速写品牌官网形象（2019年）

在“速写”的世界里，“速写”是一种生活形态，一种随意表象下隐藏的理想和发现，速写是发现的尝试，追求卓越，体现细微的变化所带来的改变。“速写”秉承“生活就是做出选择，时装也是一样”的设计理念，追求“这样也可以”的生活形态。

一旦定位清晰，产品风格呼之欲出，产品规划的工作就可以展开了。产品的每个属性，无不与品牌定位息息相关，如廓型、色彩、面料、图案、细节、工艺、搭配方式等。读者可以通过以下的产品对比图表来体会品牌定位与产品风格之间的关系（表3-1、3-2）。

表3-1　男装产品对比图表（劲霸、利郎、七匹狼）

品牌名称	劲霸	利郎	七匹狼
广告语	39年不断改进夹克	简约不简单	为你寻找心中的狼
男装风格			
产品描述	宽肩、厚重、力量感，适合较为强壮、高大、成熟的男性	简洁、利落，商务休闲风格，适合商务场合的男士着装	裁剪合体、细节变化丰富，注重时尚感，适合体型中等、敏捷、灵活的男性

表3-2　男装产品对比图表（卡宾、汉崇、速写）

品牌名称	卡宾	汉崇	速写
广告语	颠覆流行	流行便服	生活就是做出选择，时装也一样
产品风格			
产品描述	裁剪别致、款式前卫、面料质感丰富、色调雅致。时尚、休闲风格，适合前卫年轻的男性	便服，介于正装与休闲装之间，裁剪修身合体，款式简洁利落，色彩黑白灰，有一种精干的职业性，适合白领、上班族	面料别致，廓形变化丰富，色调柔和，层次细腻，适合个性敏感、有文艺气质的年轻男士

（三）品牌定位流程

综上所述，这种品牌定位的方法是针对市场所进行的战略定位，而不是针对自我的盲目发展。本文所列举的六大男装品牌，分别从男性的角色个性与产品特点两大方面，成功在顾客大脑中占据了独特的位置。在这个过程中，品牌名字是最重要的关键词，它以高度概括的方式突出了品牌的特点，广告语以精炼的短句进一步强化这个特点，产品风格则在视觉方面将品牌定位具体化，品牌定位流程如图3-7所示。

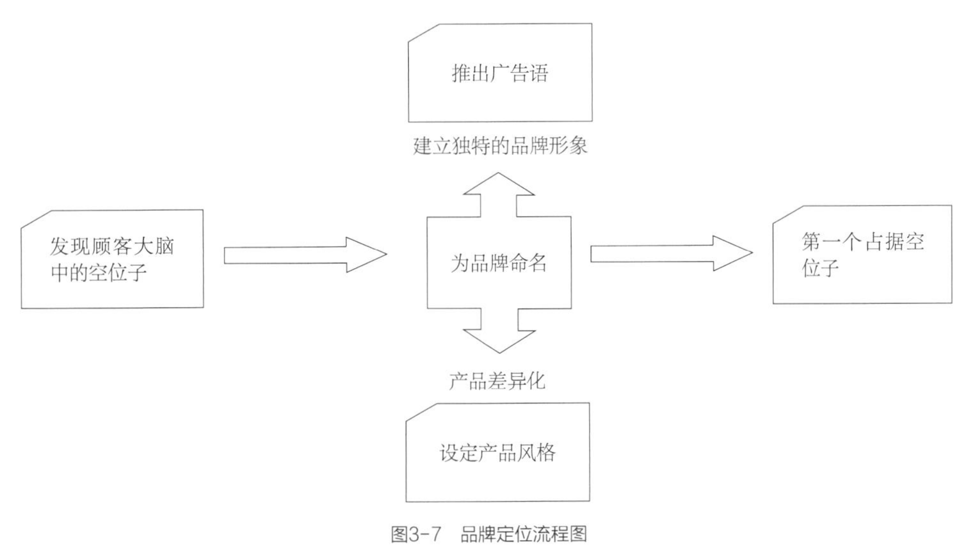

图3-7　品牌定位流程图

第二节　时装品牌命名的原则

一、时装品牌命名的三大原则

时装品牌的命名原则包括内涵原则、发音原则、字形原则。

第一节我们讨论的几个案例都是从内涵原则出发的，还未涉及发音原则和字形原则。本节将就这三个原则再仔细介绍一下：

1. 内涵原则

品牌名字的内涵要符合品牌精神诉求，具有较为准确丰富的象征意味。

2. 发音原则

品牌名字要朗朗上口，发音容易，抑扬顿挫，具有美感。

3. 字形原则

品牌名字的字形结构要便于设计，疏密有致，或者简洁醒目。

二、案例赏析——唐语英话品牌命名实战分析

以本土原创时尚品牌“唐语英话”为例，这是一个融合东西方文化的首饰类品牌，风格古朴大气，又具有极强的时尚活力，将各种原汁原味的宝石与不同材质的配料进行组合，碰撞出既传统又现代的独特风格。“唐语英话”这个名字极为准确地表达了品牌的定位。

在含义方面，“唐语”，让人联想到唐代盛世，仿佛一名来自唐代的女子，在轻声软语地诉说着大唐盛世的兴衰；“英话”，英气十足，使人联想到英语这种西方世界流行的语言。这两个词的搭配，一方面表达出东西方文化的融合，另一方面突破了一般首饰品牌的命名习惯，用“语言”这种东西表达风格，让人耳目一新。此外，这个名字内包含了两位创始人姓名中各自的一个字，巧妙地将象征性与纪念性结合在了一起。唐语英话的命名还包含两位合作者的职能特点，一个负责设计语言，一个专精工艺语言，都与“语言”相关。

在发音方面，“唐语英话”，中间的音较为收敛，开头与结尾的音都较为开放；而且这四个字刚好包含了四个声调，从较为和缓的阳平调到掷地有声的去声——音调从第二声（阳平调）开始、到第三声（上声）、再到第一声（阴平调）、再到第四声（去声），抑扬顿挫，收放自如，富有音乐之美。

在字形方面，这四个字疏朗有致，笔画繁简适度，字形方中有圆，便于设计造型。

总的来说，“唐语英话”在内涵、发音、字形三个方面都无可挑剔，为品牌定下了一个很好的格局（图3-8~图3-10，设计师：唐铄）。

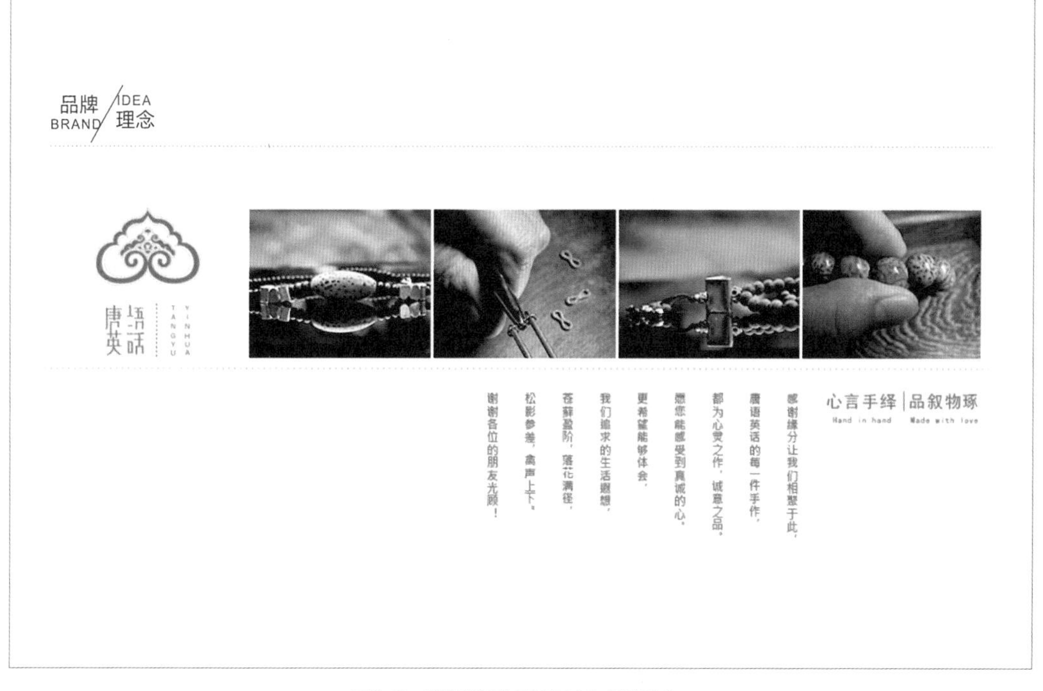

图3-8　唐语英话的品牌标志与品牌理念

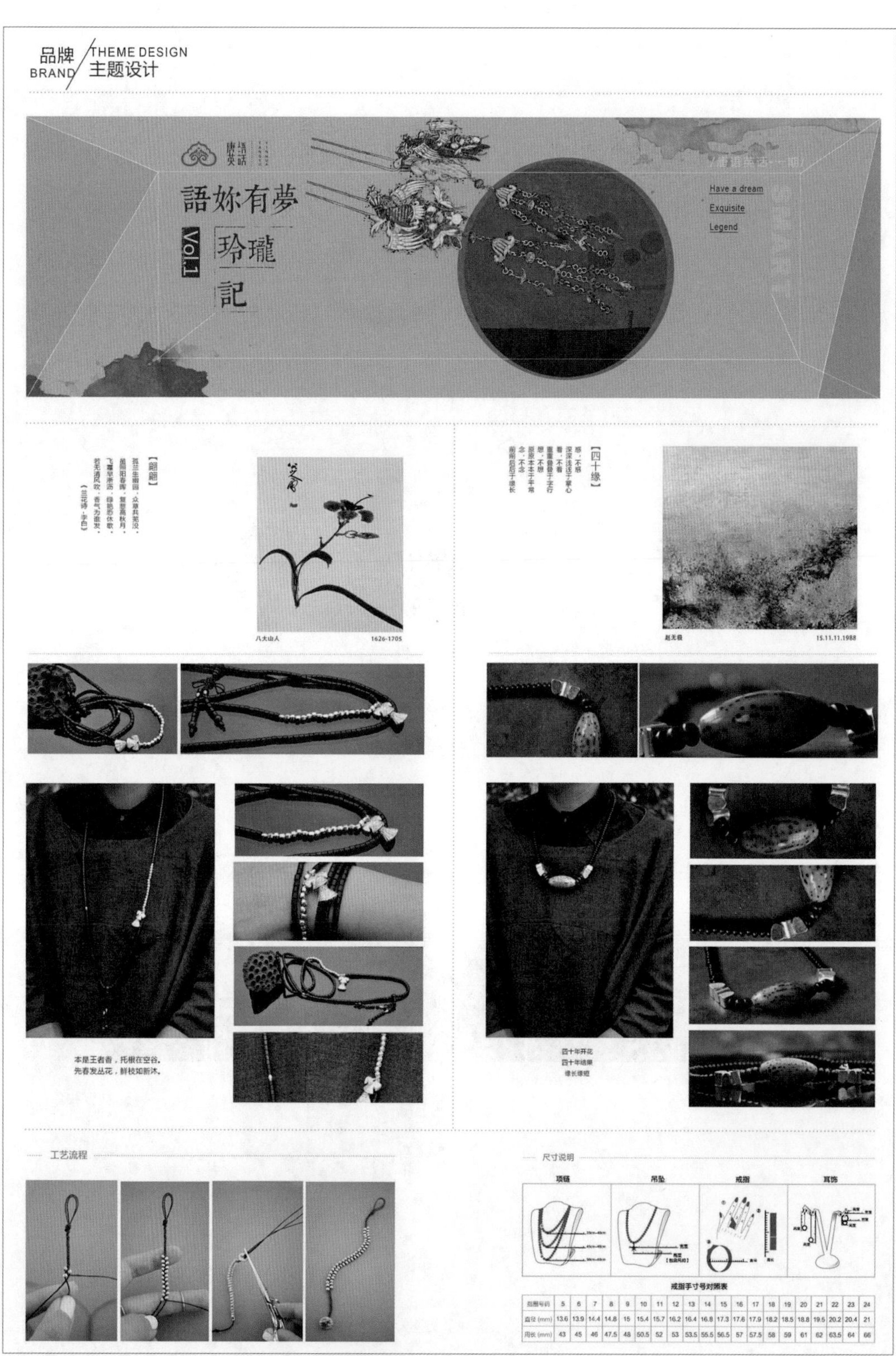

图3-9　唐语英话产品的主题设计

图3-10　唐语英话的产品推广

理论结合
实践课

时装品牌视觉识别的基础系统设计

课题内容： 标志设计
标准字体设计
标准色与辅助色设计
吉祥物设计
辅助形设计

课题时间： 12课时

教学目的： 系统地了解时装品牌视觉识别基础系统的内容、设计原则、各部分之间的关系、标准化的制订等

教学方式： 课件PPT展示、教师讲述，堂上练习与讨论

教学要求： 要求学生了解系统的内容，理解其设计原则，掌握其各部分的关系，掌握各部分的设计方法

第四章　时装品牌视觉识别的基础系统设计

第一节　标志设计

Dior

图4-1　时装品牌DIOR的标志

图4-2　时装品牌DIOR的广告（充满了它的标志）

标志作为品牌企业形象识别战略的最主要部分，在品牌形象传递过程中，是应用最广泛、出现频率最高，同时也是最关键的元素。它就像一颗火花，可以点燃整个视觉识别系统。

什么是标志？标志是以特定的图形或文字及其组合以表示和代表某事物的符号。标志设计将具体的事物、事件、场景和抽象的精神、理念、方向通过特殊的图形固定下来，使人们在看到标志的同时，自然地产生联想，从而对时装品牌产生认同，如图4-1、图4-2所示。

标志是时装品牌的符号代言人，是现代经济的产物，承载着时装品牌的无形资产，是品牌综合信息传递的核心视觉媒介。时装品牌鲜明的时尚特征、强大的整体实力、优质的产品和服务，都被涵盖于标志中，通过不断地反复，深深地留在受众心中。乔治·阿玛尼（Giorgio Armani）说："一枚标有设计师姓名的商标就是这位设计师的商业名片。它不仅体现了各次时装展的灵魂和一贯性，还向消费者传达了设计理念和设计风格。"标志与时装品牌的经营紧密相关，标志是时装品牌日常经营活动、广告宣传、文化建设、对外交流必不可少的元素，它随着时装品牌的成长，其价值也不断增长。因此，具有长远眼光的时装品牌十分重视标志设计，在时装品牌建立初期，好的标志设计无疑是日后无形资产积累的重要载体，如果没有能客观反映时装品牌精神、产业特点，造型科学优美的标志，等品牌发展起来，再做变化调整，将对时装品牌造成不必要的浪费和损失。

随着世界经济的发展，国际交流日渐频繁，图像可视为“世界通用语言”，利于沟通。我们可以比较分析一些世界名牌标志，它们都具有以下特点：造型简洁、明快、个性强；寓意明确，避免歧义；色彩鲜明、易记、容易引起联想。“既要与众不同，更要大众认同”，这是标志设计的难点，也是检验设计水准的标尺。下面分别对标志的分类、题材、风格、设计原则、设计步骤等加以介绍。

一、标志的分类

世界上的标志多种多样，本书主要针对与服装行业相关的标志进行分类分析。标志可以从性质、层级、题材、设计元素、服饰类别、地域特色、设计风格等多方面进行分类。

（一）从性质来分

1. 商标

根据我国《商标法》第4条和第7条的规定，商标是企业、事业单位和个体工商业者为了使自己生产、销售的商品或提供的服务项目，与市场上其他生产经营者或服务者生产、销售的同类或类似的商品或提供的服务项目区别而在其商品或者服务项目上使用的一种特殊标记。标记一般以文字、图形或图文并茂的形式出现。这一类标志比较常见，在整个标志类别中占有较大的比例。

2. 徽标

徽标由徽章演变而来，意在通过特征性的图形或文字形象表示个人或机关、团体、组织和活动等的身份形象和内涵，如东华大学的校徽（图4-3）、美国纽约时装学院的标志（图4-4）等都属于徽标。

图4-3 东华大学的校徽

图4-4 美国纽约时装学院的标志

3. 公共标识

公共标识是一种更加通用的符号化视觉语言。与特别的单位徽章或品牌商标不同，它趋向公众的心理接受和识别，跨越民族界限、区域界限以及各种语言文化媒体界限，从而达到其他媒体所无法达到的大众视觉信息传达作用。这一类标识要求简单、易识别、易记忆。常见的在服装行业内使用到的公共标识主要有环境指示标志、安全标志等。

4. 专业标识

在服装行业内有许多专业标识，如关于产品成分和质量的纯羊毛标志、纯棉标志、环保面料标志等，关于服装产品的洗水标识，机洗、手洗、不能漂白等，关于服装尺码的标识，中码、大码、小码等。

（二）从层级上来分

1. 服装公司、企业、单位标志

服装公司、企业、单位标志指一些注册公司和企业、单位等的名称、图形或图文结合的识别性符号。

2. 品牌标志

品牌标志包括各种注册品牌的名称、图形或图文结合的识别性符号。有些服装集团公司旗下有多个品牌，如世界著名的奢侈品集团轩尼诗·路易威登集团（LVMH），旗下有众多时尚品牌：迪奥（DIOR）、瑟琳（CELINE）、路易·威登（LOVIS VUITTON）、高田贤三（KENZO）、纪梵希（GIVENCHY）等。而有些时装品牌旗下又有一线、二线品牌，如普拉达（PRADA）旗下的缪缪（MIUMIU）品牌。

3. 部门标志

部门标志指公司、企业或单位内部的部门的名称、图形或图文结合的识别性符号，如设计部、销售部、人事部等。

4. 产品标识

同一个时装品牌内也有可能推出不同的产品系列，而该系列又不足以单独成为一个独立的品牌时，就使用产品标志。在IT业，这类标志比较常用，如绘图软件CorelDraw每升级一次，就会推出一个新的标志。但在服装业，相对来说比较少，一般会使用一个主题名称来代表一个产品系列，如高田贤三（KENZO）曾推出“丛林幻想”系列时装。而各大时装品牌推出香水的时候，则一定会精心策划一个香水标志，它的名称、字体都必须是极具特色、易于识别的，如迪奥（DIOR）品牌的“毒药”（POISON）香水（图4-5）。而有些特别富有创意精神且类别丰富的品牌，则会为成熟的产品系列设计独立的标志，如三宅一生（ISSEY MIYAKE）旗下有A-POC、132.5、PLEATS PLEASE等多个产品系列（图4-6）。

图4-5 DIOR的毒药（POISON）香水产品

ISSEY MIYAKE

ISSEY MIYAKE MEN

PLEATS PLEASE

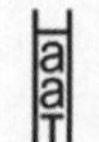

A-POC

陰翳 IN-EI ISSEY MIYAKE

ISSEY MIYAKE PARFUMS

ISSEY MIYAKE WATCH

HIKARU MATSUMURA THE UNIQUE-BAG

图4-6 三宅一生（ISSEY MIYAKE）品牌的产品系列标志

（三）从题材来分

1. 以品牌名称为题材

将品牌名称设计成标志，是目前国际上较为流行的做法。如著名时装品牌普拉达（PRADA）的二线品牌缪缪（MIUMIU），直接以品牌的全称为标志设计的题材，以流线型的带有一点可爱气质的字体，表达了品牌的年轻时尚的风格，大受欢迎（图4-7、图4-8）。

图4-7　缪缪（MIUMIU）品牌的标志

图4-8　缪缪（MIUMIU）品牌的广告

2. 以品牌宗旨、品牌理念或寓意为题材

这类标志是高度概括的抽象思维的结果。如著名运动品牌阿迪达斯（ADIDAS）的标志，其三条长短不一的色块，有很多象征意义，象征着运动鞋的主要承力部位，象征着一座比一座高的山的力量，以当时盛行的跑鞋为重点产品，所以标志的口号“最强、最高、最远”也是充满了与运动有关的含义。这种抽象的表达使品牌的内涵有极大的延伸空间（图4-9）。

图4-9　ADIDAS品牌的标志

3. 以行业性质、产品和服务特色为题材

这类标志大多是用象形图形较为直接地表现品牌性质、经营范围、产品和服务项目。这是一种直观和容易理解的标志。如纯羊毛的标志以极其形象的标志体现了纺织行业的特性，三个方向的曲线代表了卷起来的纯羊毛，标志整体造型富有节奏感和立体感，是非常成功的标志设计（图4-10）。

图4-10　纯羊毛标志

（四）以设计元素来分类

1. 文字标志

文字标志是由各种文字变化而成的标志，中文、英文、拼音、数字都是属于文字标志的设计元素。

（1）以品牌名称的字首为设计元素。以品牌名称字首为题材的品牌标志，有单字字首、双字字首和多字字首等多种形式。自从夏奈尔的背靠背的大写双C标志（图4-11）成为举世闻名的时尚标志以来，这种以字首组合为设计元素的方式，似乎成了各大奢侈品牌标志设计的首选方式，如图4-11~图4-16所示。

图4-11　CHANEL品牌的标志

图4-12　YVES SAINT LAURENT品牌的标志

图4-13　FENDI品牌的标志

图4-14　LOUIS VUITTON品牌的标志

图4-15　DKNY品牌的标志

GUCCI

图4-16　GUCCI品牌的标志

ESPRIT

图4-17　ESPRIT品牌的标志

BOSS
HUGO BOSS

图4-18　BOSS品牌的标志

GIORDANO

图4-19　GIORDANO品牌的标志

（2）以品牌全称为设计元素。可以是全英文的，也可以是中英文结合的形式。这类标志注重字体的整体风格与布局，大气简洁，一般适用于休闲服饰品牌。如艾斯普里特（ESPRIT）的标志简洁现代，具有构成主义的风格，间断的笔画是其重要的特色，与其简洁现代的服饰产品相一致（图4-17）。博斯（BOSS）品牌的标志在简洁的风格基础上融入了正式感，局部的装饰线使字体风格端庄稳健，BOSS品牌的产品也比ESPRIT更加正式一些（图4-18）。而佐丹奴（GIORDANO）的品牌标志则在简洁风格的基础上增加了字母大小的变化，使标志的整体风格更加随性、富于动感，由此可以联想到GIORDANO品牌的产品也比ESPRIT更加休闲运动一些（图4-19）。

总而言之，好的标志总是能精确地表达品牌的风格定位。

例外（EXCEPTION）品牌的产品多具有独特的结构设计，其标志设计也在字体结构上使用了独特的设计手法——字母反向，这使消费者第一次看到它的时候，不知道它究竟是哪个单词，要仔细推敲才能读懂，因此给人留下深刻的印象，正符合其服饰产品的特点（图4–20、图4–21）。

图4–20　例外品牌的标志

图4–21　例外品牌的广告

（3）以品牌全称为设计元素，并在中间一个字母上进行变异设计。这个变异的字母给整个标志带来巧妙的趣味性和丰富的联想，如图4–22~图4–27所示。

图4–22　欧时力品牌的标志

图4–23　G2000品牌的标志

图4–24　班尼路品牌的标志

图4–25　达芙妮品牌的标志

ALEXANDER MCQUEEN

图4–26　ALEXANDER MCQUEEN品牌的标志与创始人

图4–27　ALEXANDER MCQUEEN品牌的产品

2. 图形标志

图形标志是用图形构成的标志。图形标志又分具象和抽象两种。具象标志采用自然物（如人物、动物、植物等）和人造物（如建筑、工具、生活用品等）变化而成的。由于标志的功能特点决定了标志形式即使是具象的也应是简练、醒目和易于识别的。

（1）以动物为图形。一个调皮的兔头加上PLAYBOY字母，这个几乎举世闻名的标志，是1953年由美国人希夫纳创出的。花花公子（PLAYBOY）品牌提倡“休闲品位”，也就是要“最愉快，最有价值的生活”的意思。其标志是一个带领结的兔子的形象，就好像一个风流倜傥、喜爱打扮、追逐时尚的兔子，它的外表是斯文的，骨子里却有一点嘲弄的性格，带有典型的美国文化特色（图4-28）。

图4-29为西班牙著名牛仔品牌“LOIS”的标志。1962年始于西班牙，在20世纪70年代即被*Financial*、*Times*、*Fortune*等世界知名杂志评为世界四大牛仔品牌之一、欧洲第一的牛仔品牌。就如同其国技——斗牛，以公牛为商标的“LOIS”，被视为西班牙的国宝级品牌，而“LOIS”精神亦如同斗牛般的追求目标，勇往直前，无所畏惧。

图4-28　PLAYBOY品牌的标志

图4-29　LOIS品牌的标志

（2）以人物为图形。劲霸男装（K-boxing）的标志以一个充满力量感的男性剪影为标志的主体形象，新标志则更加几何化，让人联想到一种强势男性的形象（图4-30、图4-31）。广告语“敢于天下争”“引领中国夹克走向世界”也进一步加强了这种强势的形象。该品牌从1992年注册使用“劲霸商标”，1997年导入企业形象识别系统，品牌个性为：目标、激情、奋进；品味、现代、动感、国际；理性、成熟、责任感。

淑女屋品牌的标志以一个女孩子的辫子为主体图形，整洁的辫子上端还有一个精巧的发结，使人联想到端庄文静的女孩子。它直接以人物形象的局部作为设计元素，定位直观、清晰、准确。标志风格与该品牌一贯的淑女、浪漫、甜美的服饰风格相一致（图4-32）。

抽象标志一般是以点、线、面等非具象造型要素构成的。抽象标志大多为几何形，较之具象标志更为简洁和干练，它在视觉上更为单纯，更具有传播应用上的方便性。如耐克的对勾式图形标志，表达了一种飞快的速度感和极简洁的现代感，两边的锐利的尖端和整体的流线型造型加强了这种感觉（图4-33）。

图4-30　劲霸男装品牌的标志

图4-31　劲霸男装品牌的标志（新）

图4-32　淑女屋品牌的标志

图4-33　耐克（NIKE）品牌的标志

3. 组合标志

组合标志也可以归为一类，是指字体和图形两者结合而成的标志，其与图形标志没有严格的划分界线。组合标志的特点就是图形与文字融为一体，不可分割，而图形标志中的图形则是比较独立和完整的，有些可以单独使用，耐克的图形标志经常单独使用（图4–34）。

图4-34　单独使用的耐克（NIKE）品牌图形标志

组合标志如日本潮牌UNDERCOVER的标志，将名称中的两个字母和一条横线组合在一起，以一种非常日式的简洁风格确立了自己前卫形象（图4–35）。

图4-35　UNDERCOVER品牌的标志

（五）按不同服饰类别分类

1. 女装标志

这类标志对女性形象的进行图像比喻与象征，一般表达温柔、可爱或独立时尚等多种女性形象。

各种各样的女装标志表达了不同品牌的定位：“渔”表达了中国传统风格；艾格的标志采用了比较圆润可爱的造型，表达出浪漫时尚的女性风格；ONLY用柔中带刚的简洁字体表达出休闲而具有都市感的女性风格，如图4–36~图4–38所示。

图4-36 “渔”品牌的标志

Etam

图4-37 艾格品牌的标志

ONLY

图4-38 ONLY品牌的标志

2. 男装标志

这类标志对男性形象进行图像比喻与象征，一般表达力量、稳重和成熟的男性形象。

“狼”集智慧、机灵、团结于一身，是极具拼搏力、顽强执着，不停地为生存而奋斗的群体性动物，七匹狼商标图形是一匹向前奔跑的狼，以昂头挺尾奔越的形状，四脚蓄积爆发的姿态表现公司创业者勇于突破传统，独具个性的舒展形象。它整体呈流线型，充满动感，给人奋勇直前的感觉，象征着企业不断开拓的奋斗精神；英文专用词“SEPTWOLVES”及中文“七匹狼”，象征着公司以一个团结的整体面向未来的经营作风和企业凝聚力；墨绿色是企业的标准色，象征着青春、活力、孕育着勃勃生机（图4-39）。

卡宾服饰品牌注重个性化的设计，风格感性、前卫。其标志采用了哥特风格的字体，棱角分明，也表达出个性化的特质，在国内男装标志中是别具一格的（图4-40）。

登喜路（Dunhill）的标志以拉长了的品牌英文名称为标志主体，形成直线较多的字母造型，整体外观细长而优雅，富有节奏感，造型流畅，显示出高端产品的高贵气派（图4-41）。

图4-39 七匹狼品牌的标志

图4-40 卡宾品牌的标志

图4-41 登喜路品牌的标志

3. 童装标志

这类标志一般有可爱、天真和稚气等对儿童形象的图像比喻与象征。图形多采用动物或人物卡通角色，如Hellokitty小猫、米老鼠、史努比（Snoopy）小狗等。童装品牌安奈儿（Annil）用安静的小兔子表达出品牌温馨柔和的风格特点（图4-42）。色彩一般为较柔和的色系，有些时髦童装品牌则采用非常鲜艳或黑白色彩来突出自己的标志。

童装当中也出现了一类受成人时装影响较大的品牌——黑白童装，这类童装色彩单纯，只用黑白两色，款式时尚，变化丰富，受到比较时髦的家长和孩子的喜爱，如JOJO、T100、兔仔唛、时尚小鱼等品牌，都属于此类。

图4-42 安奈儿品牌的标志

其中，JOJO的标志圆嘟嘟的，以单纯可爱的字体设计表达出产品的可爱特性，单一的黑色也使它与一般的童装标志的温馨色彩区别开来，显得非常独特。标志名称的发音也比较特别，为重复发音，就像是一个小孩子的昵称，给人以亲切之感（图4-43）。

图4-43 JOJO童装品牌的标志

4. 运动服饰品牌标志

这类标志通过有象征意义的图形表达品牌对运动的理解。

如日本的运动品牌美津浓（Mizuno）以一个抽象简洁、富有运动感的动物形象作为其标志图形，这个动物给人无限联想，你可以想象它是日本式的小飞龙，也可以是其他神话中速度飞快的动物。总而言之，这流线型的造型给人以速度感、科技感，正符合了品牌强调运动服饰中的科技含量的理念（图4-44）。意大利的运动品牌背靠背（Kappa）的标志别具一格，是一对背靠背坐着的男女形象，具有浓厚的浪漫情怀。独特的人物图形使之与其他运动品牌区别开来（图4-45）。德国的彪马（Puma）品牌则选用一只一跃而起的猎豹作为标志图形，猎豹的身形非常优美，跳跃姿态富有弹性，而且是动物界短跑冠军，用它来比喻穿上彪马运动服饰的人，对热爱运动的消费者来说充满了诱惑力（图4-46）。

图4-44 美津浓品牌的标志

图4-45 KAPPA品牌的标志

图4-46 PUMA品牌的标志

顺应运动时尚化的潮流，各大运动品牌纷纷与时装品牌联手推出年轻的时尚运动品牌，如阿迪达斯与山本耀司联手推出的Y3品牌，简洁利落，富有朝气，并将阿迪达斯著名的三道线运动到服饰设计中，使之成为Y3产品的鲜明标识（图4-49）。Y3的标志（图4-48）也聚集了两大品牌的特点，“Y”是山本耀司的首字母，“3”代表了阿迪达斯的三道线（图4-47），将字母与数字结合在一起，也具有了数字时代的特点。阿迪达斯与引领街头风格的美国华裔设计师王大仁（Alexander Wang）多次联名推出跨界产品，王大仁对阿迪达斯的标志做出了大胆的改动，就是把阿迪达斯另一个传统的三叶草标志倒过来了

（图4–49）。这种创新真的有一点惊世骇俗的味道，因为基本上找不到第二个经典运动品牌有这样的创新了。

图4–47　ADIDAS品牌的标志

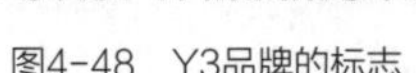

图4–48　Y3品牌的标志

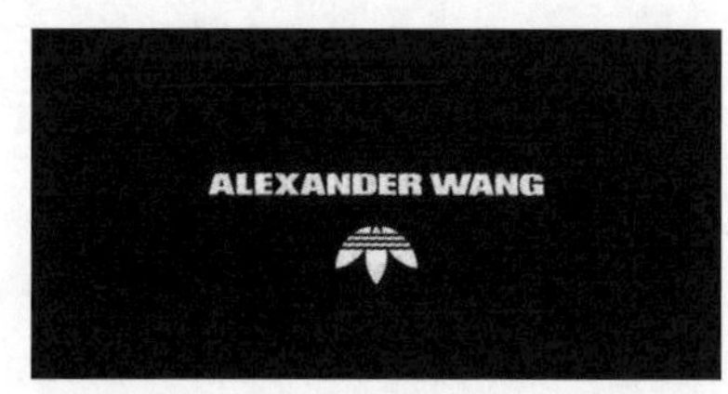

图4–49　ADIDAS和美国华裔设计师王大仁联名合作的标志

5. 牛仔服饰品牌标志

这类品牌标志以各种方式表达着牛仔的粗犷、曲线、性感、街头等各种特性。

在夏威夷曾经有好事者用两匹马来分扯一条裤子，结果是一匹马因为劳累倒下，李维斯（LEVI'S）裤子的牢固性因此流传至今。后来，这个画面就成为LEVI'S的经典图标，出现在织标、皮牌等各个地方，一直沿用至今（图4–50）。Levi's Strauss & Co.在1873年为他们改板过的牛仔裤注册专利的时候，他们明白这项专利的有效期结束的一天总会来到。事实的确如此，而且，市场上出现无数的类似牛仔品牌，想要步入类似LEVI'S的成功之路。为了和竞争者的牛仔裤区别开来，也为了延续LEVI'S的雄风，销售经理Chris Lucier想出了个主意——在裤子后面口袋边上缝上一个红色标志，上面绣有"LEVI'S"的字样。于是，它也成为Levi's牛仔裤的另一个经典标志（图4–51）。

DIESEL的创始人兼总裁为伦佐·罗索（Renzo Rosso），不以创始人名字作为品牌命名，而以DIESEL一词取代之，则是含有历史背景因素，在1972年时，世界各地面临严重的能源危机，而柴油推动引擎的效率比汽油的动能来的优质，换句话说，柴油为当时炙手可热的明星能源，可视为潮流产物，便以此命名。标志以简洁的字母组成，非常醒目（图4–52）。

图4–50　LEVI'S品牌的标志

图4–51　LEVI'S品牌的竖向标志

图4–52　DIESEL品牌的标志

TEXWOOD苹果牌牛仔是德士活集团的旗舰品牌，专门售卖苹果牌牛仔的专卖店分别于1985年及1993年于香港、广州开设，其标志是一个苹果与牛仔裤的结合图像，表现出牛仔的贴身曲线，形象十分鲜明（图4-53）。

G-STAR品牌于1989年由荷兰籍的Jos Van Tilburg创立。1992年国际著名的牛仔专家Pierre Morisser（德国LEE）加盟G-STAR，并担任首席设计师一职，为G-STAR服饰设计上加注了不少创新的理念，并令G-STAR在世界服装界上建立了鲜明的形象。1996年G-STAR首次推出RAW DENIM系列，并于德国举行的国际牛仔时装展获得高度赞赏，被瞩为牛仔裤的一大突破。G-STAR的标志以首字母的变形为醒目的造型，该造型很像一个金属感很强的腰带扣，具有硬朗的风格（图4-54、图4-55）。

图4-53　TEXWOOD品牌的标志

图4-54　G-STAR品牌的旧标志

图4-55　G-STAR品牌的新标志

（六）按地域来分类

这类标志的设计风格多带有传统、民族和地域特色。可使用各国、各民族的传统书法、古典人物、神话故事中的形象等。这种标志特别适用于本身产品就带有民族风格的时装品牌，使人一看到标志就能联想到该品牌的服装，非常有特色。

1. 中国品牌

如“渔”牌女装的标志（图4-56）采用了篆刻的形式，与其产品注重传统中国风格的定位非常一致。以汉字为设计元素所设计的时装品牌标志并不能完全代表中国风格，但是它们足以让人一看就知道是中国的品牌，在视觉识别领域的中国风格正在形成，它将随着中国时装品牌的成熟而日益成熟，如图4-57~图4-59所示。

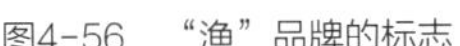
图4-56　“渔”品牌的标志

图4-57　庄吉品牌的标志

图4-58　天意品牌的标志　　　　图4-59　天意品牌的新标志

2. 日本品牌

日本品牌的标识多用红白两色，似乎在呼应日本国旗的色彩方案。如优衣库（UNIQLO）、无印良品（MUJI）等著名日本服饰品牌，都是如此（图4-60、图4-61）。优衣库（UNIQLO）以其集装箱般的标志形态比喻了多元、灵活、搭配式零件仓库的品牌特质。

图4-60　UNIQLO品牌的标志　　　　图4-61　MUJI的品牌的标志

3. 欧洲国家品牌

许多具有欧洲风格的标志精致、优雅，带有欧洲家族徽标的装饰风格，并带有深远的含义。如巴宝莉（BURBERRY）的骑马武士的商标（图4-62），就包含很多层含义：盾牌象征着“保护”，而这个牌子做成的衣服在防湿透气方面远远超过塑胶雨衣，人们穿着它经受各种气候的考验；武士手持旗帜上的“PORSUM”是拉丁语，意指前进。多年来，这个品牌就像这个穿着盔甲的武士一样挥舞着旗子，带领着巴宝莉品牌的服装文化不断向前。

爱马仕（HERMÈS）以简洁精致的版画式风格，勾勒出骏马与绅士形象，刻画出品牌名称的寓意，带装饰线的字体也表达出古典的韵味。标志的整体风格优雅精致，带有故事性（图4-63）。

图4-62　BURBERRY品牌的标志　　　　图4-63　HERMÈS的品牌的标志

4. 美国品牌

汤米·希尔费格（TOMMY HILFIGER）品牌采用了最能代表美国的红白蓝组成的三色旗帜作为标志（图4-64），每件服装都有明显的品牌标识：首先是三色旗标识常出现在衣襟前胸、袋口及腰带处，甚至成为一个瞩目的大图案，其次是条纹与格子图案用得较多，如裙子、包等。正红色和深蓝色这两个美国星条旗上的主打色，也成为服装中频繁出现的色彩，它们几乎可以让人一看到就联想到美国，给品牌带来浓郁的国家色彩。

1983年根据“The Generation Gap”而命名的盖璞（GAP）品牌名称确立。20世纪90年代，GAP蓬勃发展，它的店遍及全球。服装以便装为主，款式舒适，价格适中，色彩丰富，货品齐全。商店的布局以纯净、雪白的装饰环境为主，营造出方便怡人的购物氛围，成了同行竞相模仿的对象。它的产品可以适合不同阶层、不同职业的人穿着。GAP带给大家的就是一种坦然自在的着装方式，在它面前，无论是贵族还是平民都是平等的、自信的，不再矫揉造作，它几乎是休闲潮流最准确的诠释，也代表着经典的美国都市风格——自然清新，充满青春朝气（图4-65）。

图4-64 TOMMY HILFIGER品牌的标志

图4-65 GAP品牌的标志

（七）按设计风格分类

标志的设计风格非常丰富，以下选择两种品牌标志风格来介绍，从中可看出标志设计的新趋势。

1. 立体化风格

这类标志注重边缘的厚度表现，通过色彩的渐变表现出立体的质感。以荷兰时尚品牌维果罗夫（VIKTOR&ROLF）为例，两位设计师Viktor Horsting及Rolf Snoeren外形相若，走上天桥俨如一对孪生兄弟，1993年涉足时装界，以高级订制时装（Haute Couture）名声大振，其后推出高级成衣（Ready-to-wear）系列，依然秉承品牌的前卫大胆风格。其标志模仿了漆火印的立体造型，这种立体造型不仅在平面印刷和网络中使用，在真实的生活空间里也将其做成立体的富有光泽的漆火印形态，用于包装等领域，非常吸引眼球，时尚而特别（图4-66）。

图4-66 V&R品牌的标志

2. 漫画风格

以美国另类风格的时装品牌EMILY THE STRANGE为例，它是美国新兴的服装品牌宇宙残骸（Cosmic Debric）旗下的系列商品之一。而这个牌子的起源，始于1992年，一群极具创意才华的穷学生将他们设计的图案印在T-shirt上，在拖车上售卖。其中，原本只有T-shirt和贴纸图案的Emily因为其黑色长发、面无表情的个性而大受欢迎。十年下来，除了推出衣服外，EMILY THE STRANGE还有背包、CD袋、夹趾凉鞋、笔记本、滑板等周边产品，如图4-67~图4-72所示。

图4-67　EMILY THE STRANGE品牌的标志

图4-68　EMILY THE STRANGE品牌的海报

图4-69　EMILY THE STRANGE的周边产品

图4-70　EMILY THE STRANGE的周边产品

图4-71　EMILY THE STRANGE的周边产品

图4-72　EMILY THE STRANGE的周边产品

EMILY THE STRANGE品牌的两大主色是黑与红，形象主角是小女孩和黑猫，每隔一段时间就有新产品推出，然而那种异类的鬼灵精怪之感却始终贯穿。Emily有4只猫，分别叫Mystery、Miles、Sabbath、Nee —Chee。

另一位设计师Paul Frank坐在缝纫机上使用红色无菌人工皮革创造出一只大嘴猴，命名为Julius，自此之后，这只大嘴猴Julius面无表情的傻样子在睡衣和钱包上出现。刚开始时只是小小的规模，现在呢？可真是个了不起的“猴子生意”！发展成为一间创造出百万美元销售额的流行服饰公司。大嘴猴Julius这个图像吸引着年轻一代（图4-73），商品在世界各地大受欢迎。1999年公司产品扩展到运动休闲服饰，以青春为主题，以显著的图案研发出一系列的运动服饰。后来增加包括内衣、泳装、睡衣、家具和太阳眼镜系列。

图4-73　大嘴猴品牌的标志

二、标志设计原则

1. 识别性

这是品牌标志在视觉传达中的基本功能，在视觉识别设计开发中，它是品牌传达中最具认知识别功能的设计要素。

2. 主导性

标志作为品牌视觉识别系统的核心和主导力量，在视觉识别计划的各个要素的展开设计中居于重要地位，而且是不可缺少的构成要素，扮演着决定性、领导性的角色，统领着其他视觉要素。

3. 同一性

品牌标志是品牌经营抽象精神的具体表征，代表着品牌的经营理念、经营内容、产品特质。因此，消费大众对品牌标志的认同就等于对品牌的认同，形成固定的印象模式。

4. 时代性

在当今消费意识与审美情趣急剧变化的时代，人们追求流行时尚的心理趋势，使标志面临着表现时代意识、吻合时代潮流的任务。

5. 造型性

标志必须具有良好的造型性，这样不仅能提高标志在视觉传达中的识别性和记忆值，提高传达品牌情报的功效，加强对品牌产品或服务的信心与品牌形象的认同度，同时能提高标志的艺术价值，给人们以美的享受。

6. 适应性

品牌标志要运用到各种媒介物上，要适应建筑、办公事物用品、员工服装、交通工具、产品包装以及电视、报刊等各种媒体，要适应不同场所、不同尺寸、不同制作材料的特定要求和限制。

7. 延伸性

标志在运用中要出现在不同的场合，涉及不同的传播媒体，因此它必须有一定的适合度，即具有相对规范性的弹性变化。为了适应这种需要，标志在视觉识别系统的设计展开中必须具有延伸性，即除了有统一标准的设计形态外，还需要有一定的变体设计，产生具有适合度的效果与表现，如阴阳变化、彩色黑白、空心线框放大缩小等。

8. 系统性

视觉识别系统中标志的设计，必须考虑到它与其他视觉传达要素的组合运用，因此必须具备系统化、规格化、标准化的要求，做出必要的应用组合规范，以避免非系统性的分散混乱的负面效果。在子品牌之间的关系上，可以采用不同的图形编排组合方式，来强化关系品牌系统化的精神。

9. 审美性

品牌标志要符合形式美法则和美学原理，要给人以愉悦和亲切的感受，要用美的因素去感染人、影响人，要通过设计的方法和技巧帮助人们去接受、理解并形成记忆。

10. 更新性

品牌标志要具有鲜明的时代特征，要适应时代发展的需要。但凡延续到现在的世界著名品牌的标志，都是在不断地改良、修正中变化而成的，都是与时代同步的结果。我国品牌，在进入新的发展时期和转型之后，有必要对视觉传达系统进行全面检讨和审视，以保证整体形象在视觉上的先进性。常规的做法是保留旧有标志的精神特征或部分形象，增加新的因素和成分，使品牌标志与时代同步、与软硬环境相协调。有专家认为，标志的改良常以10年左右为一个期限。

三、标志的设计步骤

标志是品牌视觉传达要素的核心，也是品牌开展信息传播的主导力量，在视觉识别系统中，标志的造型、色彩、应用方式，直接决定了其他识别要素的形式，其他要素的建立，都是围绕着标志为中心而展开的。标志设计可以按以下四个步骤进行工作。

1. 调研分析

标志不仅仅是一个图形或文字的组合，它是依据品牌的构成结构、行业类别、经营理念，并充分考虑标志接触的对象和应用环境，为品牌制定的标准视觉符号。在设计之前，首先要对品牌做全面深入的了解，包括经营战略、市场分析以及品牌最高领导人员的基本意愿，这些都是标志设计开发的重要依据。对竞争对手的了解也是重要的步骤，标志的重要作用即识别性，就是建立在对竞争环境的充分掌握上。

2. 要素挖掘

要素挖掘是为设计开发工作做进一步的准备。依据对调查结果的分析，提炼出标志的结构类型、色彩取向，列出标志所要体现的精神和特点，挖掘相关的图形元素，找出标志设计的方向，使设计工作有的放矢，而不是对文字图形的无目的组合。

3. 设计开发

有了对品牌的全面了解和对设计要素的充分掌握，可以从不同的角度和方向进行设计开发工作。通过设计师对标志的理解，充分发挥想象，用不同的表现方式，将设计要素融入设计中。标志必须含义深刻、特征明显、造型大气、结构稳重、色彩搭配能适合品牌，避免流于俗套或大众化。不同的标志所反映的侧重点或表象不同，经过讨论分析或修改，找出适合品牌的标志。

4. 标志修正

提案阶段确定的标志，可能在细节上还不太完善，经过对标志的标准制图、大小修正、黑白应用、线条应用等不同表现形式的修正，使标志使用时更加规范，同时标志的特点、结构在不同环境下使用时也不会丧失，达到统一、有序、规范的传播。整个流程如图4-74所示。

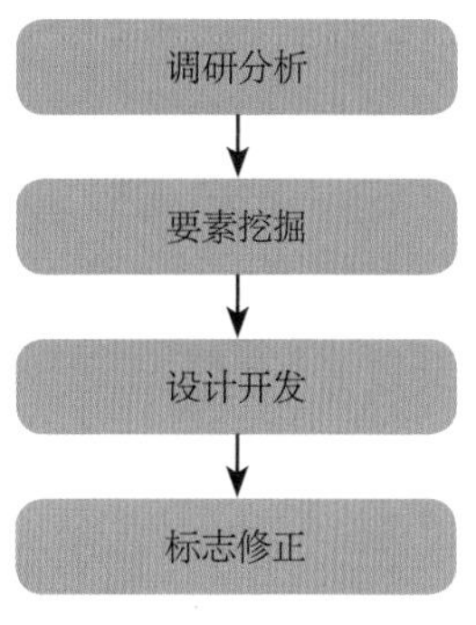

图4-74　标志设计流程

四、案例赏析：C&D品牌标志设计实战分析

1. 第一步：调研分析

要创造一个新的品牌，要有敏感的商业嗅觉，深刻的人性洞察力，丰富的想象力和强悍的执行力，这四种能力缺一不可。同时，具有一些冒险精神是必要的，研究别人实践过的案例也是必要的。在这里，我们将呈现一个真实的案例，也许，你可以从中获得一些经验教训。

C&D品牌视觉识别设计案例历时半年，其中从命名到标志设计定稿，经历了三个多月的时间，后期VI手册部分则花费了剩下的两个多月。其中最难攻克的就是与客户进行真正的沟通、共同努力获得核心大创意的部分。

项目开始后，我们从客户提出的职业女装的定位出发，从古希腊神话，到各种花语，再到寒武纪的幻想，出了30多个方案，100多个名字，但是客户却始终不满意。我们终于意识到，设计项目应该由设计师和客户共同完成的。设计的过程就是逐步将客户心中的愿景进行视觉化的过程。如果没有真正的沟通，仅凭设计师单方的创意，设计项目是永远无法完成的。

2. 第二步：要素挖掘

有段时间，我们放弃了所有的方案，与客户进行了深入的长谈，并专心寻找最核心的关键词。终于，经过长时间的思考，核心关键词浮出了水面。客户对品牌的目标消费群并非普通职业女性——白领，而是久经职场的成功职业女性——金领，是具有一定权力的高管，所以关键词之一不是“干练”或“时尚”，而是“权力”，我们将视觉联想锚定为皇冠。另一个关键词，我们保留了对创始人的尊重，取了创始人名字中的一个字“梅”。“梅”字直接联想是梅花，梅花可以兼具东西方的气质，一个是中国的腊梅，一个是西方扑克牌中的代表幸福的梅花，这样，既可以取梅花的刚直孤傲之美，又可以取扑克牌的变化无穷的组合序列，为将来的产品系列的创意包装埋下伏笔，而且还可以使用扑克牌中的国王和王后象征职业男装和职业女装，为吉祥物形象设计埋下伏笔，总体构思非常完整。这样，核心大创意就定下来了，客户对这个方案也非常满意。

核心关键词和视觉象征符号都可以确定了，标志设计就非常简单了。

3. 第三步：设计开发（图4-75~图4-91）

图4-75　标志的灵感来源之一：扑克牌

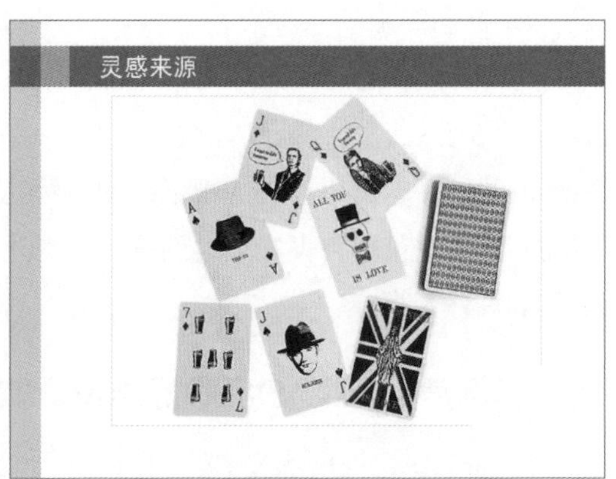

图4-76　标志的灵感来源之一：扑克牌

图4-77　标志的灵感来源之一：扑克牌

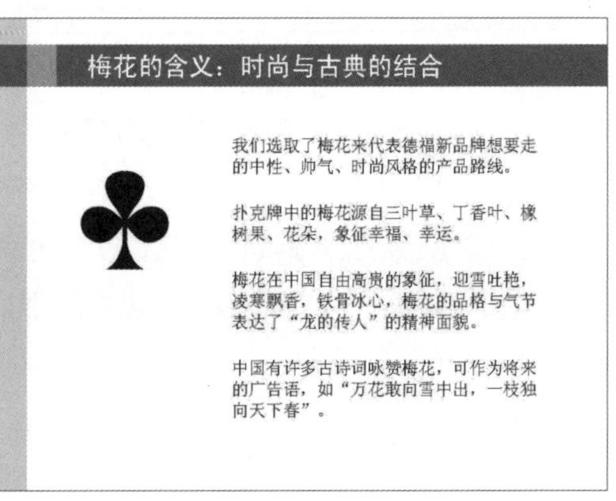

图4-78　标志的灵感来源之一：扑克牌中的梅花符号

图4-79　标志的灵感来源之二：中国画中的梅花

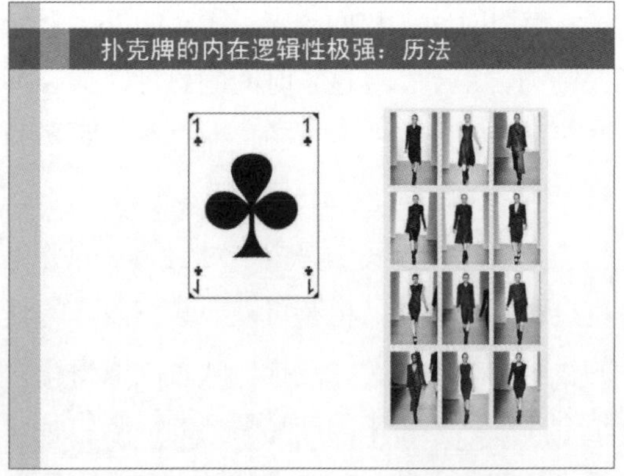

图4-80　标志的灵感拓展：扑克牌的结构与未来发布会之间的逻辑关系（发布会参考图片来自CK）

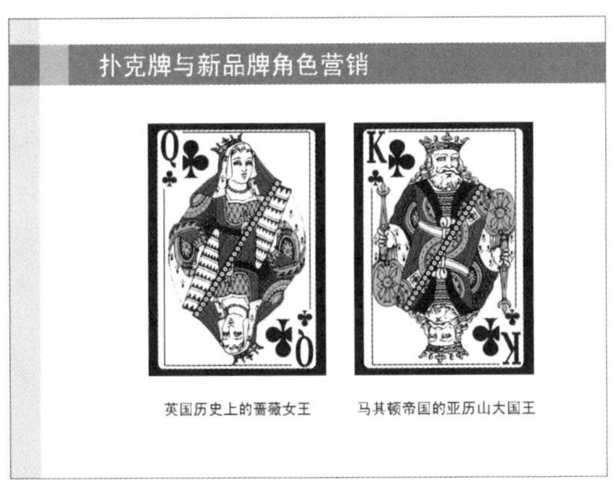

图4-81　标志的灵感拓展：扑克牌的国王与王后与未来男装女装之间的对应象征关系

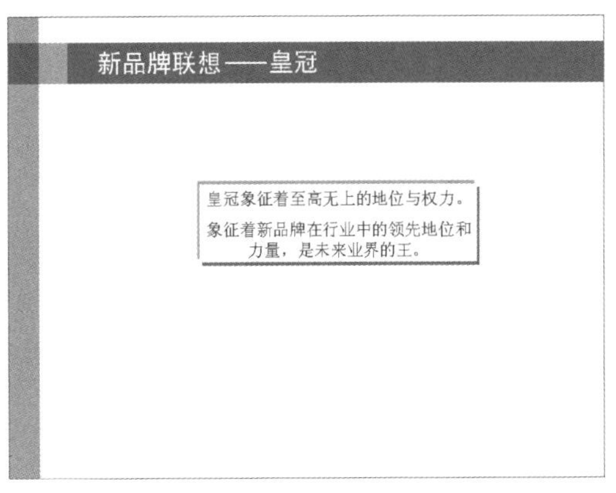

图4-82　标志的灵感之三：权力的象征——皇冠

图4-83　标志的灵感之三：权力的象征——皇冠

图4-84　标志的灵感之三：权力的象征——皇冠

图4-85　标志的灵感组合：梅花与皇冠

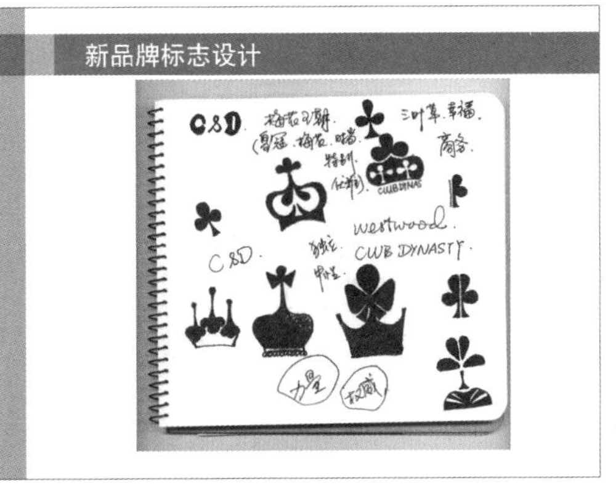

图4-86　标志的设计草图：英文缩写、梅花与皇冠的多种组合

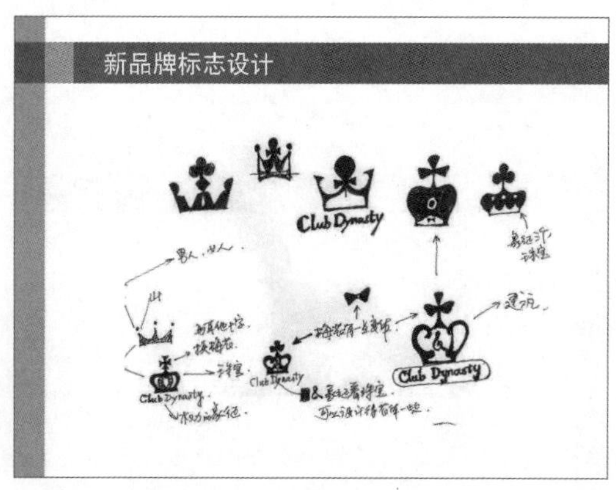

图4-87　标志的设计草图：英文缩写、梅花与皇冠的多种组合

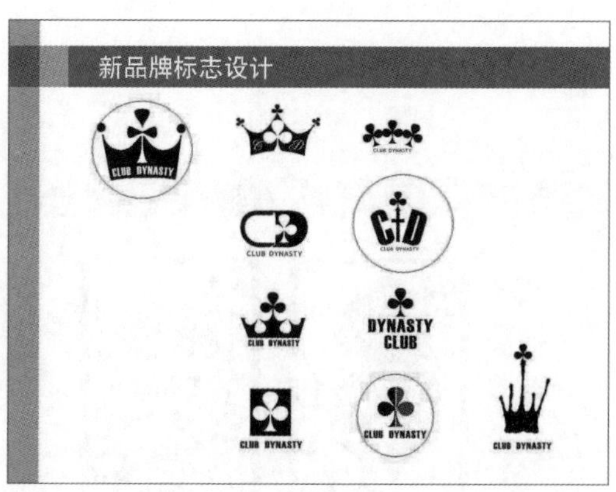

图4-88　标志的矢量初稿：英文缩写、梅花与皇冠的多种组合

图4-89　标志的最终矢量稿方案一（在商标注册时被否决）

图4-90　标志的最终矢量稿方案二（被客户否决）

图4-91　标志的最终矢量稿方案三（被客户认可，并注册成功）

这个在字母裂开中出现十字架并长出梅花的标志，成为让客户满意的最终定稿。它融合了品牌的名称（C&D）、创始人的名字（梅花）和权力（中间的权杖以及整体的皇冠形象），代表具有权力、能量的职业精英群体。

第四步标志修正的过程没有记录下来，它主要是对最终标志的矢量稿进行微调，使之更加精美。显然，整个过程中，比较难的是找到这些与客户内心深处的愿景密切相关的关键要素（第二步：要素挖掘），这需要坦诚的沟通、敏锐的观察与深刻的思考，它基于最难、最有价值的第一步——调研分析。

第二节　标准字体设计

标准字体是企业形象识别系统中基本要素之一，应用广泛，常与标志联系在一起，具有明确的说明性，可直接将企业或品牌传达给观众，与视觉、听觉同步传递信息，强化企业形象与品牌的诉求力，其设计的重要性与标志等同。

标准字体是指经过设计的专用以表现企业名称或其他文字内容的字体。故标准字体设计，包括企业名称标准字和企业标准字的设计。

经过精心设计的标准字体与普通印刷字体的差异性在于，除了外观造型不同外，更重要的是它是根据企业或品牌的个性而设计的，对字体的形态、粗细、字间的连接与配置，统一的造型等，都做了细致严谨的规划，比普通字体相比更美观、更具特色。在实施企业形象战略中，许多企业和品牌名称趋于同一性，企业名称和标志统一的字体标志设计。

标准字体的设计可划分为书法标准字体、装饰标准字体和英文标准字体的设计。

一、书法标准字体设计

书法是我国具有三千多年历史的表现汉字艺术的主要形式，既有艺术性，又有实用性。目前，我国一些企业采用政坛要人、社会名流及书法家的题字，用作企业名称或品牌标准字体，例如中国国际航空公司、健力宝等。

有些设计师尝试设计书法字体作为品牌名称，有特定的视觉效果，活泼、新颖、画面富有变化。但是，书法字体也会给视觉系统设计带来一定困难。首先是与商标图案相配的协调性问题，其次是是否便于迅速识别。

书法字体设计，是相对标准印刷字体而言，设计形式可分为两种。一种是针对名人题字进行调整编排，如中国银行、中国农业银行的标准字体。另一种是设计书法体或者说是装饰性的书法体，是为了突出视觉个性，特意描绘的字体，这种字体是以书法技巧为基础而设计的，介于书法和描绘之间。

二、装饰字体设计

装饰字体在视觉识别系统中，具有美观大方，便于阅读和识别，应用范围广等优点。海尔、科龙的中文标准字体即属于这类装饰字体设计。装饰字体是在基本字形的基础上进行装饰、变化、加工而成的。它的特征是在一定程度上摆脱了印刷字体的字形和笔画的约束，根据品牌或企业经营性质的需要进行设计，达到加强文字的精神含义和富于感染力的目的。

装饰字体表达的含意丰富多彩。如细线构成的字体，容易使人联想到香水、化妆品之类的产品；圆厚柔滑的字体，常用于表现食品、饮料、洗涤用品等；而浑厚粗实的字体常用于表现企业的强劲实力；有棱角的字体，则易展示企业个性等。

总之，装饰字体设计离不开产品属性和企业经营性质，所有的设计手段都必须为企业形象的核心标志服务。它运用夸张、明暗、增减笔画形象、装饰等手法，以丰富的想象力，重新构成字形，既加强文字的特征，又丰富了标准字体的内涵。同时，在设计过程中，不仅要求单个字形美观，还要使整体风格和谐统一，突出理念内涵和易读性，以便于信息传播。

三、英文标准字体设计

企业名称和品牌标准字体的设计，一般均采用中英两种文字，以便于同国际接轨，参与国际市场竞争。

从设计的角度看，英文字体根据其形态特征和设计表现手法，大致可以分为四类：一是等线体，字形的特点几乎都是由相等的线条构成；二是书法体，字形的特点活泼自由、显示风格个性；三是装饰体，对各种字体进行装饰设计，变化加工，达到引人注目，富于感染力的艺术效果；四是光学体，是摄影特技和印刷用网绞技术原理构成。由于标准字是企业识别系统的基本要素之一，其设计成功与否至关重要。当企业、公司、品牌确定后，在着手进行标准字体设计之前，应先实施调查工作，调查要点包括：

（1）是否符合行业、产品的形象。

（2）是否具有创新的风格、独特的形象。

（3）是否能为商品购买者所喜好。

（4）是否能表现企业的发展性与值得依赖感。

（5）对字体造型要素加以分析。

将调查资料加以整理分析后，就可从中获得明确的设计方向。

四、案例赏析：C&D品牌企业名称标准字体设计实战分析

在为C&D品牌设计企业标准中文字“梅花凰朝”的过程中，设计师发现了标志中的尖角梅花造型应用于字体设计的方式，就是将字体的某些末端设计成为尖角的造型，使之更具张力，并与标志形成呼应；将“花”字以标志中的梅花造型的镂空形式来表达，使之富于变化；由于品牌定位的关键词是“权力”，所以整个字体风格威严大气；字体转角略圆，表达出品牌以女装为主的定位（图4-92、图4-93）。

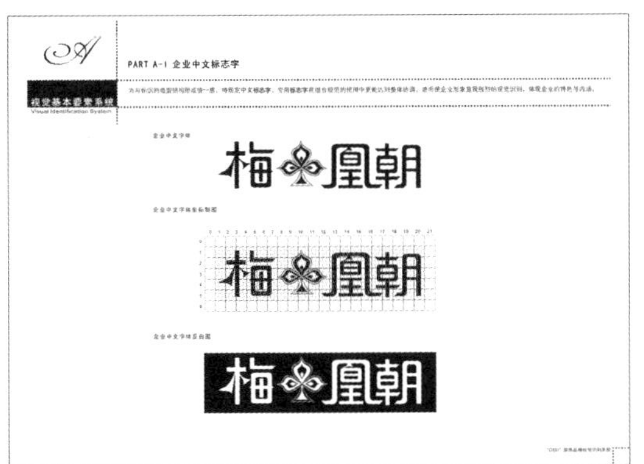

图4-92　“梅花凰朝”品牌的企业标准字

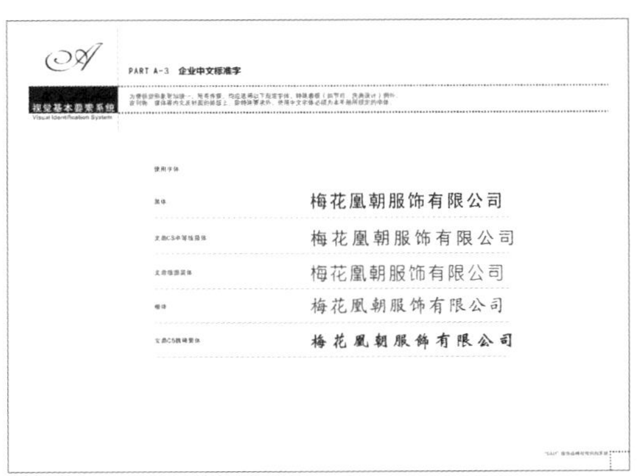

图4-93　企业标准字设计

第三节　标准色与辅助色设计

标准色在企业信息传递的整体色彩计划中，具有明确的视觉识别效应，因而具有在市场竞争中制胜的感情魅力。

标准色是用来象征公司或产品特性的某种指定颜色或一组指定组合方式的颜色，是标志、标准字体及宣传媒体专用的色彩。

企业标准色具有科学化、差别化、系统化的特点。因此，进行任何设计活动和开发作业，必须根据各种特征，发挥色彩的传达功能。其中最重要的是要制订一套开发作业的程序，以便规划活动的顺利进行。

企业标准色彩的确定是建立在企业经营理念、组织结构、经营策略等总体因素的基础之上的。有关标准色的开发程序，可分为四个阶段：色彩调查阶段；表现概念阶段；色彩形象阶段；效果测试阶段。

标准色设计要求尽可能单纯、明快，以最少的色彩表现最多的含义，达到精确快速地传达企业信息的目的。其设计理念应该表现如下特征：

第一，标准色设计应体现企业的经营理念和产品的特性，选择适合于该企业形象的色彩，表现企业的生产技术性和产品的内容实质。

第二，突出竞争企业之间的差异性。

第三，标准色设计应适合消费心理。

设定企业标准色，除了实施全面的展开、加强运用，以求取得视觉统合效果外，还需要制订严格的管理办法进行管理。

视觉形象识别中的标准色定位思想是一种具有战略眼光的设计指导方针。色彩定位始于产品，但并不仅仅是对产品采取什么行动，而是指要针对顾客潜在的心理采取行动。也就是说，要将其视觉形象定位在顾客的心中，而不仅是改变产品的本身。世界著名市场营销专家菲力普·科特勒认为：色彩定位是树立独特的企业形象，设计有价值的产品的行为，以便使细分市场的顾客了解和理解企业与竞争者之间的差异。

色彩在视觉形象识别中格外引人注目，它能直接抓住顾客的注意力，使顾客通过鲜亮动人的象征性色彩，引发联想，引起情感活动，从而产生某种行为动机，并促成行为的产生。因此，在视觉形象识别中色彩最容易表达设计理念，给人的印象也特别强烈，所以准确的色彩定位是视觉形象识别中的关键。

色彩给人的印象是迅速、深刻、持久的。心理学研究证明了这样一个事实：某物体进入人的眼帘，首先被观察到的是其色彩，然后才是它的大小、形状等特征。人眼在观察物体时，最初的20秒内色彩感觉占80%，而形体感觉占20%；2分钟后色彩占60%，形体占40%；5分钟后各占一半，并且这种状态将继续保持。可见，人对物体的第一印象是色彩。而且当人在观察物体时，色彩已经在不知不觉地作为第一可视特征，使人们产生某种感觉，并由此引起一定的联觉进而可能直接影响到人们对观察对象的兴趣程度，因此色彩是吸引注意力的重要信息。赛车场地中转弯处的墙壁被涂成黑黄相间条纹的图案，就是利用色彩能够产生联觉的这一特点，提醒车手集中注意力，警惕发生意外。这是因为每当人们看到黑黄相间的条纹时，都会不自觉地联想到老虎或马蜂等可能会给人带来危险的动物，进而产生警惕性。

色彩不仅涉及物理学（光学）、心理学，还包含美学和民俗学等其他相关的学科。一种颜色通常不只含有一个象征意义，比如红色，既象征热情，又象征危险，所以不同的人，对同一种颜色的理解，会做出截然不同的诠释。除此之外，个人的年龄性别、职业以及他所身处的社会文化和教育背景，都会使其对同一色彩产生不同联想。比如，中国人对红色和黄色特别有好感，这主要和中华民族的历史发展有一定关系，所以在不同文化体系中，色彩会被设定为含有不同特定意思的语言，因此表达的意义也可能完全不同。因此，可见色彩定位对视觉形象识别起着非常重要的作用。

在企业的视觉形象识别系统中，色彩定位被定义为企业标准色。企业标准色是指企业为塑造特有的企业形象而确定的某一特定色彩或一组色彩系统，运用在所有视觉传达设计的媒体上，透过色彩特有的知觉刺激与心理反应，以表达企业的经营理念和产品服务的特质。

企业标准色对企业或其产品有着强烈的象征作用，因此已成为经营策略的有力工具，日益受到人们的重视。通过视觉形象识别中各自独特的色彩语言，顾客更容易辨识并产生亲切感，所以当我们提到某一特定色彩时，就会联想到某个企业，或某种商品。

在视觉形象推广中，运用标准色进行的全方位平面设计，能给公众带来一致、统一的企业或产品感受，对企业识别的强化和扩散有显著的作用。国外色彩研究的权威人士法伯·比兰曾精辟地指出："往往不在于使用了多少色彩，而关键在于色彩运用的是否恰当"。在视觉形象里如果色彩运用过多反而会伤害了它的识别力量。为了恰当地达到识别效果，对于色彩永远要运用得明智高超才行。

企业标准色的设定可根据体现企业形象的需要，选择不同的设定方式，一般有如下三种方式：第一种是单色标准色，它色彩集中单纯有力，能给人以强烈的视觉印象，能够给消费大众留下牢固的记忆，这是最为常见的企业标准色形式。如可口可乐、肯德基的红色，柯达胶卷、麦当劳的黄色，美能达相机、国际商业机器公司（IBM）公司的蓝色，富士胶卷的绿色等都是采用单色的设定方式。在时装界，李维斯（LEVI'S）的红色（图4-94）、夏奈尔（CHANEL）的黑色（图4-95）、安娜·苏（ANNA SUI）的紫色（图4-96）都为品牌树立了鲜明的形象。它们分别表达出对应品牌所推崇的充满热血的冒险精神、独立的力量、梦幻与高贵的气质。

第二种是复数标准色，为了塑造特定的企业形象，增加色彩律动的美感，许多企业在标准色的选择上采用两种以上的色彩搭配。如美国时装品牌汤米·希尔费格（TOMMY HILFIGER）采用了红白蓝这种经典的美式色彩，其灵感来源于美国国旗（图4-97），其产品也大多数为红白蓝色系，富有动感，整个品牌形象和产品的色调既统一又极具特色。此外，保罗·史密斯（PAUL SMITH）品牌运用热烈的七彩条纹作为品牌的形象色彩，与产品精致的英式裁剪和独特的彩色印花相互映衬，达到了得了很好的识别效果（图4-98）。

图4-94　LEVI'S品牌标志的红色

图4-95　CHANEL品牌标志的黑色

图4-96　ANNA SUI品牌标志的紫色

图4-97　TOMMY HILFIGER品牌标志的红白蓝

图4-98　PAUL SMITH品牌标志的七彩条

图4-99 DIOR品牌的真我香水广告的金色

第三种是标准色与辅助色组合，为了区别企业集团母子公司或企业不同部门，不同品牌、产品的差异，一般采用这种色彩系统的标准色形式。例如迪奥（DIOR）品牌针对顾客对香水喜好的不同，利用不同的色彩定位推出了不同风格的产品，在顾客心中确定不同的位置：真我香水（J'adore）的字体为白色，香水瓶和广告为金色（图4-99），给人以奢侈华丽的视觉冲击力；毒药（Hypnotic Poison）香水瓶为红色，无论香水瓶身的色彩还是广告的色彩都给人以热情奔放和具有诱惑力的感觉。

企业标准色的设定不能随意为之，在许多时候是从企业的理念方针及行业的形象等来确定。如童装品牌多用色彩缤纷的色系，男装品牌多用深沉的颜色，睡衣品牌多用粉嫩色系等。然而，企业标准色并不只是单纯的由具体的色彩形象来决定，必须充分地考虑和企业以往使用色彩之间的关系，以及其他竞争公司的色彩识别，甚至要考虑与宗教、民族习惯等有无歧视或避讳的情况，才能准确地传递特定的视觉形象。

第四节　吉祥物设计

企业吉祥物是企业识别系统中特定的造型符号，它的目的在于运用形象化的图形，强化企业性格，表达产品和服务的特质。

企业吉祥物的功能有两个方面，首先它具有企业标志的作用，是企业标志在新的市场竞争形式下的演化与延伸，可以说是企业的第二标志；其次是具有补充企业标志的作用，作为一个企业代表性的角色形象，它能直接转化消费者对企业认识的印象，有利于企业形象个性化的确立。

企业吉祥物作为象征企业的人物、动物及非生命物，它兼有标志、品牌、画面模特儿、推销大使等各种角色。它犹如一位友好使者密切地联系着企业与消费者，使消费大众看到了角色形象，便立即联想到相关企业进而受到角色活动的影响，建立起对企业的良好印象。企业吉祥物的另一个称呼是企业造型。

有些品牌的企业吉祥物则与标志形成了较大的视觉反差。如福神（EVISU）品牌的企业吉祥物采用了日本古典人物造型，带有鲜明的民族特色，使人一看就能够记住它（图4-100），它与品牌标志的简洁明快的风格形成了对比（图4-101）。

图4-100　福神品牌的吉祥物：海神

图4-101　福神品牌的标志

第五节　辅助图形设计

辅助图形也叫作象征图形，它作为企业形象识别设计中的重要元素之一，主要价值在于：配合标志或其他基本要素在各种媒体上广泛应用，以及满足不同场合的需要，与标志、标准字、标准色等元素形成宾主关系，从而起到补充、丰富、强化及拓展标志及其所代表的企业形象的作用，使企业形象意义更完整，更易识别和记忆。虽然其作用次于标志，但在企业形象识别系统中几乎同样不可或缺，它可以增加标志、标准字、标准色等基础要素的适应性，使视觉传达更具表现的幅度与深度，提高对大众的亲和力，增强企业形象传递的渗透力。

辅助图形的设计方法是多样的，具体的造型、色彩及风格设计均从企业形象整体系统性出发。未来，随着人们对辅助图形的关注、研究以及社会的发展，其设计将更加注重视觉形式的动态化、图形语言的共性化以及目的作用的人性化。

一、辅助图形的概念与类别

理念识别（MI）、行为识别（BI）、视觉识别（VI）同属于企业形象识别（CI）系统这个范围，三者是相互协调和相互作用的，因此我们要对其有一个整体的认识。从设计的角度来讲，主要的工作仍然是在视觉识别系统上，而辅助图形亦属于这个范畴。通过上述明确的界定，我们可以清楚地划分出辅助图形的范畴，它应该是企业形象一体化企业形象识别设计中用于企业形象传播的，除标志、标准字和吉祥物之外的起辅助性作用的图形。它主要表现为四类：

第一，以企业标志的某些要素衍生变化而出的辅助图形与标志有着明显的血缘关系，是标志的变体，在某些场合中从图形上辅助或代表标志来进行视觉及语境的表现。

第二，辅助图形与标志不一定有直接关系。主要对标志进行语义解释，起到帮助表达标志含义或触发观者联想的目的。

第三，辅助图形与标志没有造型上的关系，主要起到突显、强调或装饰标志的目的。

第四，辅助图形与标志和吉祥物等其他视觉元素都无关，主要与企业的形象氛围有关，如企业所用的插图或装饰画等。

辅助图形实际上是变化比较大的，它可以灵活地调整甚至改变风格。在企业的发展过程中，标志可能会渐渐出现不完全适应场合与产品变化的因素，但是企业不能够对标志进行频繁的改动时，就需要在辅助图形的变化上寻找新的可能性。

二、辅助图形与标志的关系

辅助图形与标志同属于企业形象识别系统中的视觉符号。它主要是相对于标志而存在的，与标志之间有着特定的关系。单从字面意思来理解，辅助图形主要起到协助、帮助、加强标志的作用，就像是标志的助手，同时它与标志相比又是非基本的、非主要的图形。在企业形象识别实际运作当中，这种对于标志的辅助性功能主要表现在三个方面——从属、补充与拓展。

1. 从属关系

顾名思义，这是一种宾主关系。企业形象识别从其设计开始，就在标志与辅助图形之间确立了从属关系，即辅助图形要依从于标志，服从标志在实际应用当中的需要和安排。就像电影中配角与主角一样，配角的作用是衬托主角，使主角得以顺利完成各种场景中的使命，从而传达出导演为主角所设计的形象定位。而与此同时，配角与主角依照从属关系各司其职，他们合力将整出戏的形象展现给观者。这种从属关系在其他关系领域也存在。但是，在企业形象识别领域之内的这种从属关系的性质是不同的，它的目的是使整个企业形象更加完善和充实。如淑女屋品牌在某个季节的辅助形，就是截取了标志图形的局部——发结，这样扩大化的、单独出现的发结再次加强了标志给人的印象，人们可以从这个发结联想到辫子，继而联想到整个标志。

2. 补充关系

企业形象一体化设计对于标志而言承载着巨大的压力，因为它不同于一般的标志，它是作为一个企业的象征而存在的。主观上我们希望标志能够尽可能准确而全面地浓缩一个企业的精神，代表一个企业的特定公众形象，然而一旦实践就会发现要达到这样一个目的其实并不那么简单。

由于标志本身在设计上的局限性，它不可能穷尽企业形象所包含的全部内涵，标志设计的图形既要能大能小，又不能太复杂，还必须要能传递一个企业的行业特征、地域特点、企业理念、企业精神、产品形象、服务质量等一系列定位，这就为标志设计带来难度。因此，单独一个标志难以诠释尽企业所需要传递的所有信息，这个时候就需要辅助图形来从旁进行视觉语义上的解说，让公众对标志及其所代表的企业理解得更加充分。如七匹狼品牌在某个季节的辅助形——七匹真实的动物狼的形象，这些真实的狼的形象使标志主体给人的印象更加深刻、生动，对标志起到了补充、丰富和强化的作用。

3. 拓展关系

辅助图形也从某种程度上代表着企业形象，亦是整个形象传达系统中较为灵活的要素。在应用设计中，可以提高应用要素设计系统各方面的延展性与独特性。通过这种拓展，使人们超越已有的视觉元素的局限，对企业所传递的内在及外在形象有一种更大空间的、或者说延伸性的理解和领略。

以上三种辅助图形与标志之间的关系在企业形象识别运作中并不是割裂开的，也不是独立存在的，它们往往表现为一种或几种关系同时兼具。这需要在设计及企业形象识别实施过程中将标志与辅助图形密切配合，以企业标志、标准字体、标准色彩为核心，以辅助图形相辅助而展开的完整、体系的视觉传达体系，将企业理念、文化特质、服务内容、企业规范等抽象语意转换为具体符号的概念，塑造出独特的企业形象。

三、辅助图形的造型方法

在企业形象识别设计中，辅助图形可以将企业的理念或标志设计的创意点阐释，融入视觉图形之中并表现出来，以加强企业标志的形象性，使其更加容易被识别和理解。而辅助图形造型的恰当与否直接影响人们对于产品或企业的喜爱程度与接受程度。

辅助图形造型的设计有多种方式，根据其不同的类型有不同的设计和表现形式。

1. 与标志有着明显的血缘关系的辅助图形

这种辅助图形作为以企业标志图形的某些要素衍生出的变体，它直接可以在标志的基础上进行造型的翻转、变换、提取、重复，或者以标志的曲线形状作为分割线形成辅助图形，甚至可以直接将标志色彩淡化并放大作为辅助图形使用等。这样一方面可以保留标志的风格，使辅助图形与标志系统性更强，另一方面可以与标志呼应，起到强化、丰富和延续标志的作用。如芬迪（FENDI）的双F标志被重复成为二方或四方连续的图案，大量出现在它的服饰产品中（图4-102、图4-103）。

2. 对标志进行语义解释，以帮助表达标志含义、品牌内涵或触发观者联想的这样一类辅助图形

我们可以从对标志设计含义的图形化诠释或者联想启发的角度来思考，以此作为造型设计上的切入点。它的造型与标志的图形不一定有直接关系，但是要能够帮助标志表达其含义或触发观者联想，这种

图4-102 FENDI品牌的标志

图4-103 FENDI品牌标志的四方连续图案

辅助图形可以是具象的，也可以具象与抽象结合。

如设计师黎云胜的作品，创造了“稀族”这个品牌的视觉识别系统，他对“稀族”的定义就是稀少的族群，比如蜜蜂，这个传统意义上的勤劳群体，在他的世界里可以放下工作，及时享乐。蜜蜂，就成了“稀族”的象征。因此，他在视觉上用了蜜蜂图形以及蜂巢图形（六边形的简洁几何图形）来做辅助形，使整个品牌视觉系统呈现出新鲜、活力、运动的风格以及反讽的意味（图4-104~图4-108）。

图4-104　虚拟品牌“稀族”的辅助形设计（设计师：黎云胜，指导教师：陈丹）

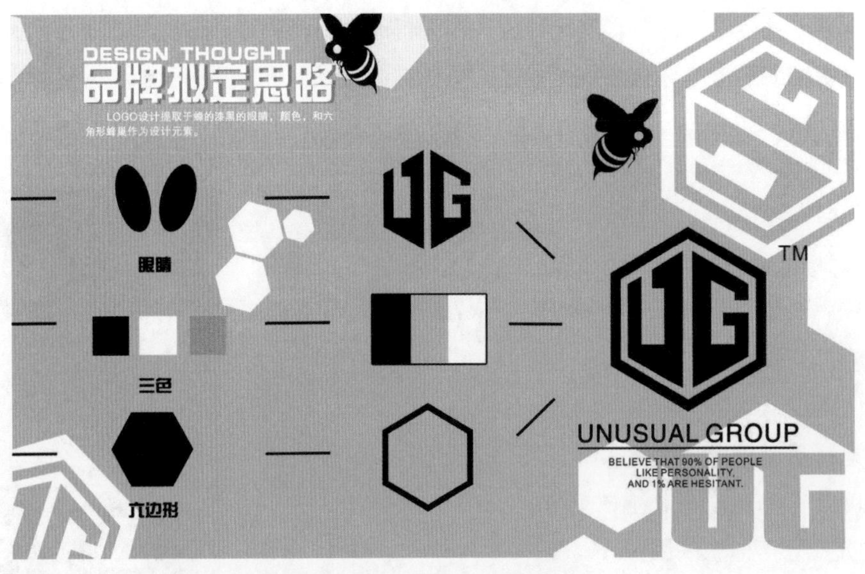

图4-105　虚拟品牌“稀族”的辅助形设计

图4-106　虚拟品牌“稀族”的辅助形设计

图4-107　虚拟品牌“稀族”的辅助形应用在名片设计上

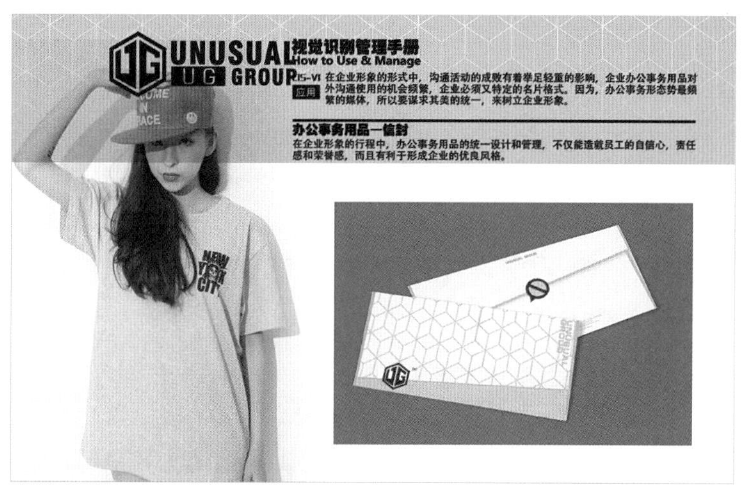

图4-108　虚拟品牌“稀族”的辅助形应用在办公用品上

3. 与标志图形没有关系，但是起到突显或装饰作用的辅助图形

这一类辅助图形可以从对比、装饰或强调的角度来考察其造型。如巴宝莉（BURBERRY）著名的格子图案，被它注册成为独家标识，几乎比标志本身更具有识别性（图4-109）；还有路易·威登（LV）的四叶草，也极具识别性（图4-110）。

图4-109 BURBERRY品牌的格子图案

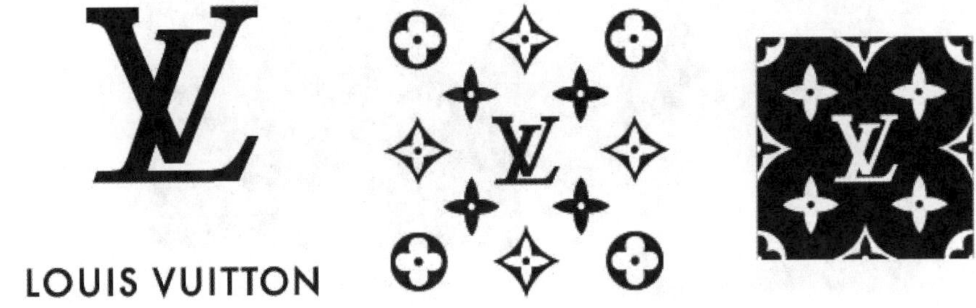

图4-110 LOUIS VUITTON品牌的四叶草图案

4. 与标志和吉祥物等都无关，但与企业的形象氛围有关的辅助图形设计

这一类辅助图形设计可以通过将企业中某个标志性的建筑或物品形象化、图形化的方法来设计辅助图形，或者绘制与企业形象风格相吻合的插图或装饰画等作为企业的辅助图形。

造型作为辅助图形设计的关键性因素之一，对标志的补充、丰富、强化和拓展起到重要作用。它的设计可以采用不同的方式，这取决于企业形象所要传递的信息，也取决于标志所未能完全传达出的意味，对于不同类型的辅助图形，我们都可以从这些方面入手，确定一个企业辅助图形造型的设计方法。

四、未来辅助图形的发展趋向

随着企业形象识别设计的发展，辅助图形设计也必然会呈现出逐渐成熟和完善的趋势。从其现有状况我们可以预测，在未来的一段时间，随着人们对辅助图形的关注、研究以及

社会发展的需要，其设计将更加注重视觉形式的动态化、图形语言的共性化以及目的作用的人性化。

1. 视觉形式的动态化

在当今的视觉影像时代，图形作为视觉语言之一，其形式可以是多种多样的。一个大的趋势就是随着时代发展，它的视觉形式也会不断地发生变化。目前，由于应用媒体相对局限，辅助图形设计多为平面化和静态化，而随着数字技术的进一步发展及其应用的进一步普及，未来辅助图形设计在视觉形式上将越来越呈现出动态化的特点。

正是视觉形式的动态化，使得图形的信息不仅仅停留在传递阶段，还可以有一个完整的抽象“交互”过程。当观者通过动态化的辅助图形开始接收信息时，实际上就已经是在思维层面上和这个图形产生了某种意义上的“沟通”与“交流”了。

2. 图形语言的共性化

辅助图形设计随着企业形象识别设计的发展，在未来的一段时间可能还会出现另一个趋势，即图形语言的共性化。这种趋势的原因分析如下：

首先，除了声音语言与文字语言之外，图形天生就是一个能够跨越地区、种族的信息传递方式，并且在很多时候，它的作用远远超越声音语言与文字语言。“图形更大的优点还在于它的‘世界性’，这一点是语言所不能匹敌的。”如果一个产品的辅助图形具有很好的表现力和说明性，就完全可以不使用任何文字，或者让文字处于从属地位。所以，在不同地区、民族和国家之间，产品的辅助图形是企业除标志之外传递信息的最便捷有效的工具，而这个工具要让大多数人掌握，就必须符合一种共性、适应多数人的共性要求，这种情况下，图形语言的共性化就成为让不同地区和种族的人能够识别和接受的基础。

另一个重要原因是，在日益发展的国际化浪潮中，各国之间商业企业的相互渗透、产品的相互流通、国际事务的相互交流等，都使得国际的联系日趋密切，交流领域因此要比以前更为充分地打开，消费的面也自然变得越来越宽广，企业的很多产品面对的不仅仅是一个国家或者一个文化地域的人来进行消费。这个时候，便会出现一种超越各自本土文化的文化认同和价值认同，也就是超越了国界、超越了社会制度、超越了社会意识形态的一种带有普遍性的文化现象。在这种情况下，作为文化系统当中的一个子系的平面设计自然也不例外，所以我们看到，平面设计已经出现了比较共性化的现象。

3. 目的作用的人性化

设计的终极目的是为人着想。这就是企业形象识别设计中的一个重要问题目的作用的人性化，这个问题同样存在于辅助图形当中。作为企业形象识别的基本元素之一，辅助图形使用的面比较广，它根据不同的需要，可以出现在企业形象识别应用系统中绝大多数的物品上，可以说企业的形象氛围很大程度上是借助辅助图形来营造的，因此辅助图形设计的人性化不仅必要，而且很重要。但是，目前现有的企业形象识别设计在这方面做得尚显不够，我们推测，未来辅助图形将会更加重视人性化方面的设计，因为它符合服务于人的目的，符合人类追逐自由的理想。

辅助图形的人性化实际上解决的是一个“适合”的问题，从细微处对人性的关爱可以显示出企业和设计者的人本理念。这种从人性角度考虑的辅助图形设计在未来企业的企业形象识别设计中将会得到更加充分的体现。

未来成功的辅助图形设计将完善现代企业形象识别设计，帮助企业的形象传播，使企业的信息传播力更强、更快也更持久，相信随着社会发展的需要和企业形象识别本身系统发展的需要，辅助图形设计也将会得到更多的关注、讨论、改进与实施。

五、案例赏析：C&D品牌辅助图形设计实战分析

VI基础系统设计还有很重要的一部分，就是制订视觉规范，要用统一的版面和细致的细节说明来限定基础要素的特征，保证品牌在传播过程中遵守统一的视觉风格，给人以统一的形象。可参考本案例的内容和版式学习基础系统设计规范。

VI手册的整体视觉风格要与品牌风格一致，同时要注意页眉页脚的设计。页眉主要放置本页的标题、设计说明等，须安排好不同层级的字体节奏；页脚一般注明客户或设计公司的名字。页面中心是VI系统的视觉元素主体，要清晰、规范、准确，并辅以必要的尺寸或坐标。

VI设计手册的专业性将提升客户的满意度，并为日后的VI执行提供可靠的视觉指引（图4-111～图4-120）。

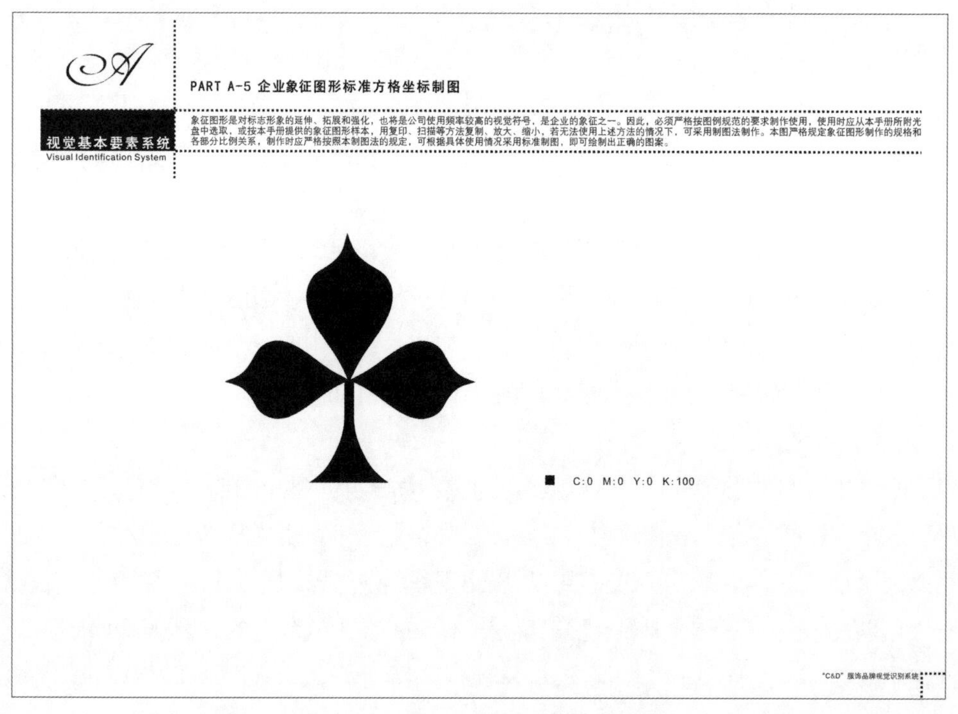

图4-111　“C&D”品牌的辅助图形：三瓣梅花

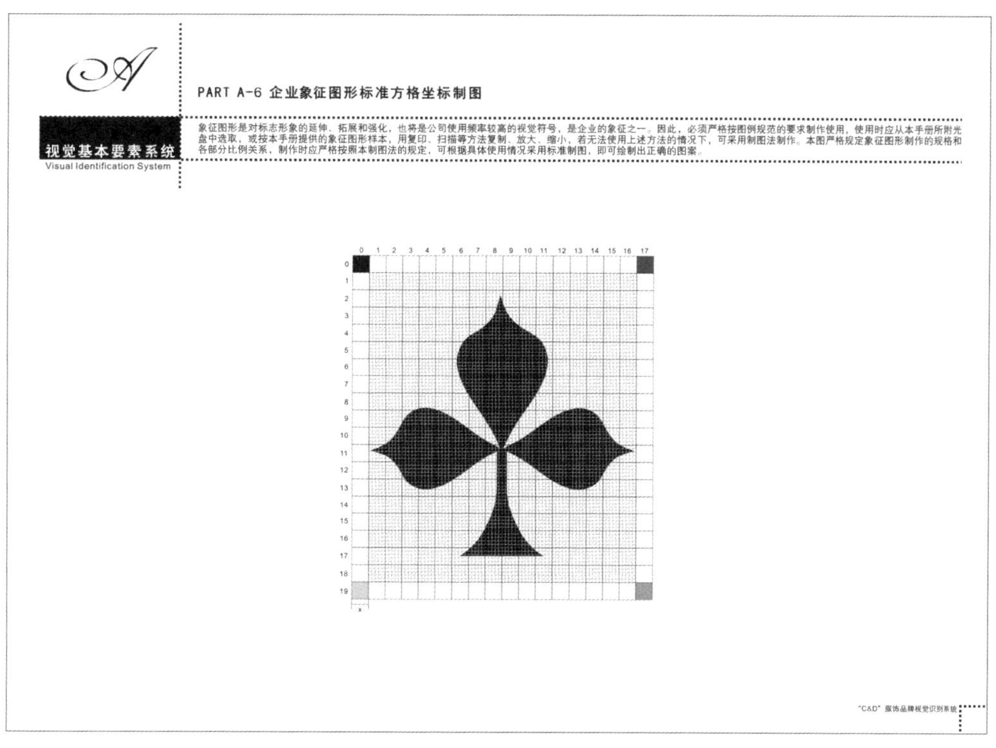

图4-112　"C&D"品牌辅助图形坐标制图

图4-113　"C&D"品牌标志设计及说明

图4-114 “C&D”品牌标志设计坐标制图

图4-115 “C&D”品牌的基础系统：标志不可入侵边界

图4-116　“C&D”品牌的基础系统：标志黑稿

图4-177　“C&D”品牌的基础系统：标志反白稿

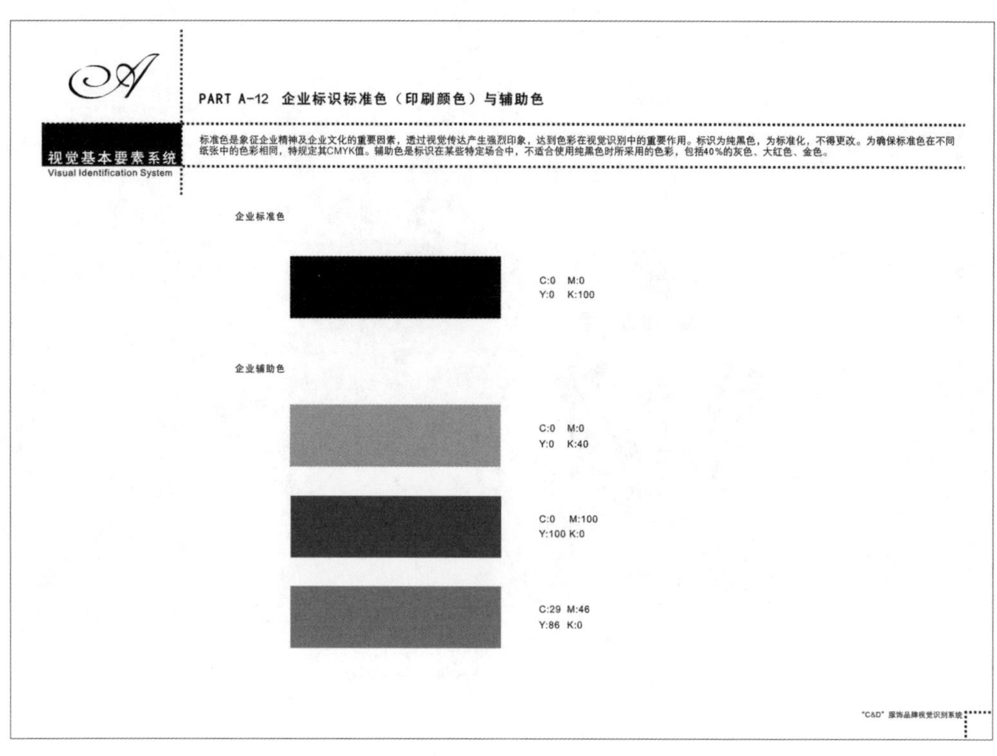

图4-118 “C&D”品牌的基础系统：标志的标准色与辅助色

图4-119 “C&D”品牌的基础系统：标志的不同明度背景规范

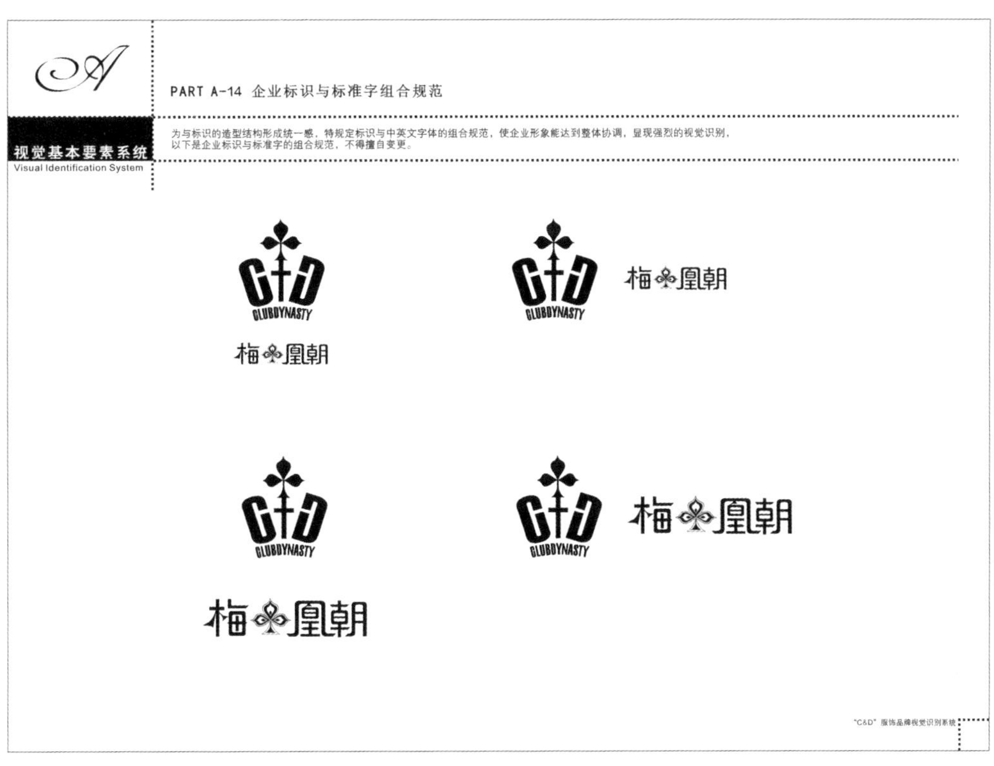

图4-120　“C&D”品牌的基础系统：标志与标准字组合规范

理论结合
实践课

时装品牌视觉识别的应用系统设计

课题内容： 身份识别系统与办公系统设计
辅料设计
包装设计
广告设计
展示设计

课题时间： 20课时

教学目的： 了解时装品牌的本质，系统地了解时装品牌视觉识别应用系统的定义、特征、构成、设计原则等

教学方式： 课件PPT展示、教师讲述、课后练习、课堂讨论

教学要求： 掌握应用系统各部分的设计方法

第五章　时装品牌视觉识别的应用系统设计

第一节　身份识别系统与办公系统设计

身份识别系统与办公系统是视觉识别应用部分中必不可少的部分，精心设计过的身份识别系统与办公系统体现出品牌的品质。两者均以文字为主要内容，给人留下细致的文本印象。

一、身份识别系统

用于识别企业员工身份和展示企业形象的项目包括很多，如名片、工作证、徽章、胸卡等内容，也包括企业旗帜等。其中，名片是最有影响力、流传最广泛的一种身份识别。时装品牌的名片在方寸之间体现了时尚气质，一张质感细腻、设计精良的名片会给对方留下深刻的印象。

名片的设计方法流程如图5-1所示。

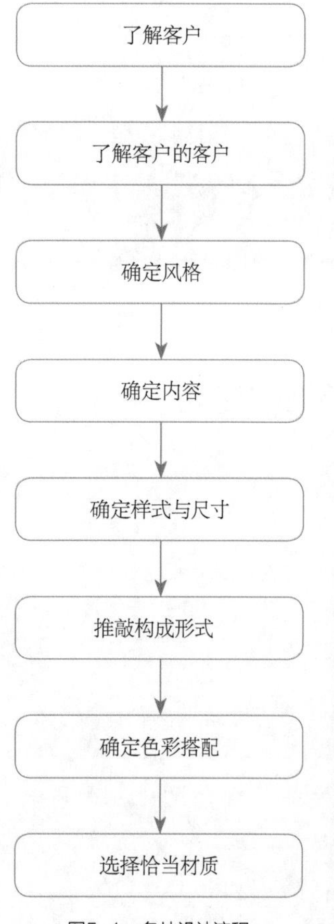

图5-1　名片设计流程

名片的设计应符合整个视觉识别系统的风格。例如著名时尚品牌“例外”的名片，无论从外形、色彩、材质，都与其辅料系统风格一致，都采用了深沉的含灰色调，较厚较硬的纸材，名片和主吊牌都是接近正方形的矩形，形成大气简洁的整体风格（图5-2）。

图5-2　例外品牌的名片与吊牌设计

二、办公系统

因为办公系统同样是以文本设计为主，是通过文本给人留下印象的，所以将办公系统与身份识别系统归在一起介绍。以DIOR品牌为例，其名片与办公系统都是极为简洁的白色系列，仅将标志与公司名称组合放在了上面，这种极简设计与其时装产品的奢华艳丽形成鲜明的对比（图5-3、图5-4）。

ChristianDior

图5-3　DIOR品牌的信封与名片

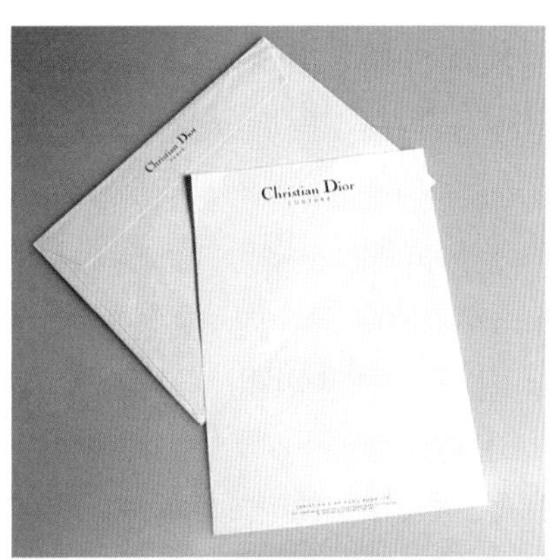

图5-4　DIOR品牌的信封与信纸

三、印刷工艺

在将视觉识别各要素应用到不同媒介（特别是纸材）的过程中，必然会遇到印刷工艺问题，所以，对印刷工艺进行了解也是非常必要的。

印刷是指将文字、图画、照片等原稿经制版、施墨、加压等工序使油墨转移到纸张、织品、皮革等材料的表面进行批量复制原稿内容的技术。印刷有多种形式，最常见的为传统胶印、丝网印刷和数码印刷等。

印刷工艺流程分三个阶段：印前、印中和印后。

印前指印刷前期的工作，一般指摄影、设计、制作、排版、输出菲林打样等。

印中指印刷中期的工作，通过印刷机印刷出成品的过程。

印后指印刷后期的工作，一般指印刷品的后加工包括过胶（覆膜）、过UV、上光油、烫金、击凸、装裱、装订、裁切等，多用于宣传类和包装类印刷品。

印刷是一种对原稿图文信息的复制技术，它的最大特点是，能够把原稿上的图文信息大量、经济地再现在各种各样的承印物上。

印刷品的生产，一般要经过原稿的选择或设计、原版制作、印版晒制、印刷、印后加工五个工艺过程。也就是说，首先选择或设计适合印刷的原稿，然后对原稿的图文信息进行处理，制作出供晒版或雕刻印版的原版（一般叫阳图或阴图底片），再用原版制出供印刷用的印版，最后把印版安装在印刷机上，利用输墨系统将油墨涂敷在印版表面，由压力机械加压，油墨便从印版转移到承印物上，如此复制的大量印张，经印后加工，便成了适应各种使用目的的成品。

一个合格的设计师不能只考虑屏幕设计的效果，更要考虑到印刷后的效果。因为印刷平面设计的最终效果需要通过印刷机的还原才能得以体现的，所以，充分考虑到印刷效果的设计才是完美的设计。当然要想考虑到这些因素，设计人员就必须实实在在的了解印刷。

用于印刷的设计作品，在设计印刷流程中，还有一些容易出错的事项需要注意：

（1）印刷品的尺寸并不是随意设置一个就可以用于印刷了，因为纸张大小是固定的，为了避免浪费，纸张有固定的开度，例如全开、对开、六十四开等。要根据印刷品的需要设置尺寸，检查是否设定好页面尺寸。一般排版页面尺寸与成品尺寸一致，有利于检查成品线是否切到文字或图像等内容，以免因设置不当变成不良印件。另外，还需检查是否已经做好出血，一般设定出血位为3mm。

（2）检查有无RGB模式的物件（包括填充、轮廓、图片以及文字），如有则需要将之转成CMYK模式，否则将有可能得不到所要的印刷效果。印刷的图片必须是CMYK模式或灰度模式，分辨率最好在300dpi以上。RGB的图像直接由发排输出会导致颜色变化，与电脑显示颜色区别较大；分辨率过低则图片层次差。

（3）检查与处理文字。如文件中有文字，请将所有文字转曲，避免输出时掉文字或产生其他意想不到的错误。如需在文件中保留字体，请将用到的字体随文件一起传送。

（4）已经完成制作的图片请去掉多余的通道和路径，分层的图片最好合并为一个图层。多余的通道和路径不仅使得文件比较大，而且容易导致输出烂图、打印过慢、解释器无法解释等问题；分层的图片可能会出现图层移位或掉图现象。

四、案例赏析：C&D品牌办公系统设计实战分析

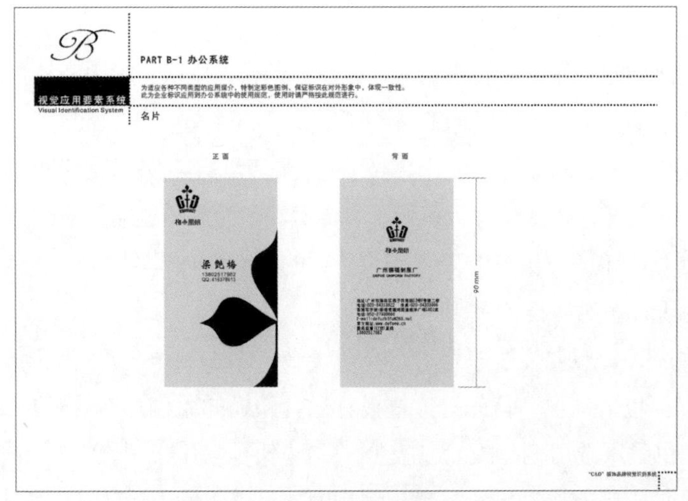

图5-5　C&D品牌名片设计

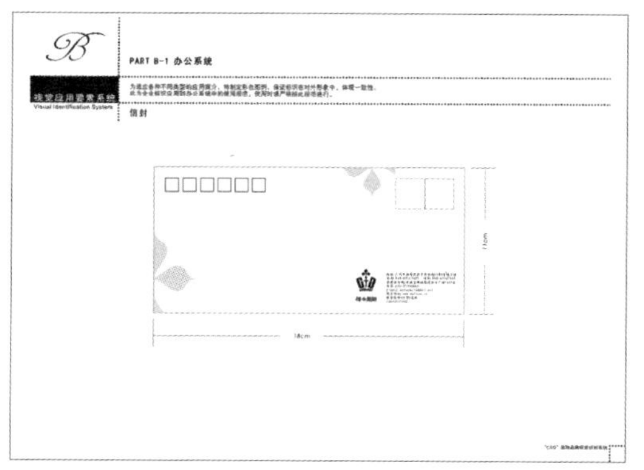

图5-6　C&D品牌信封设计

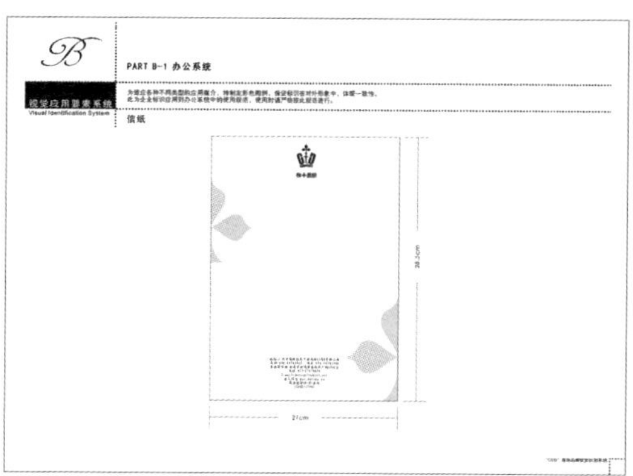

图5-7　C&D品牌信纸设计

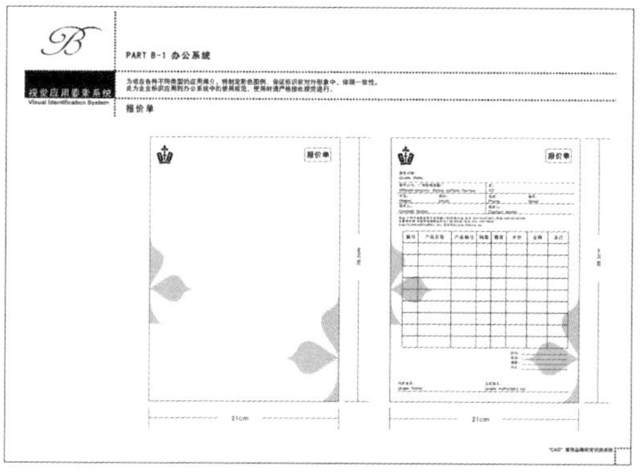

图5-8　C&D品牌报价单设计

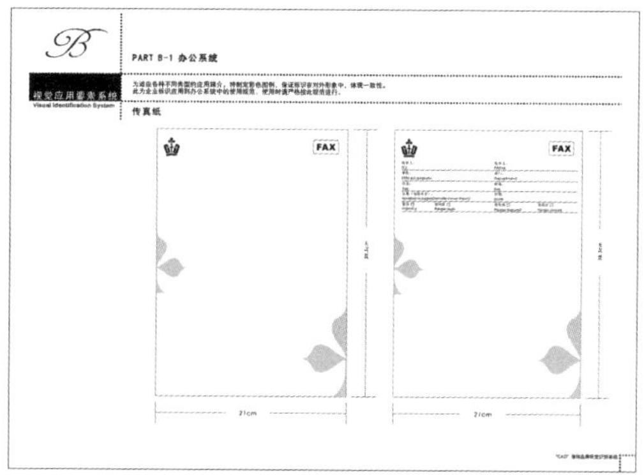

图5-9　C&D品牌传真纸设计

第二节　辅料设计

辅料系统是时装品牌的视觉识别（VI）应用部分的特殊品类，它是各种服饰产品必须随身携带的附件，对产品的名称、号型、成分、品质、产地等加以说明。

视觉识别应用设计中的辅料系统一般包括以下类别：吊牌（主吊牌、副吊牌、装饰吊牌）、唛（主唛、侧唛、尺寸唛、洗水唛）、合格证、装饰标签（织章、胶章、金属章、皮牌、纸牌）、纽扣、拉链头、腰带扣、里料等。视觉识别辅料系统设计的关键在于如何让LOGO和其他设计元素更加适合各种材质，因此，设计师要不断调整它们的尺寸、线条的粗细和连贯性、色彩的印制方式等。

一、吊牌

吊牌有多种类型和风格，从功能上可分为主吊牌、副吊牌、装饰吊牌；从风格上看则千变万化，从图形、色彩、材质、外形、文字、组合方式上都可以进行创新设计。从吊牌的附

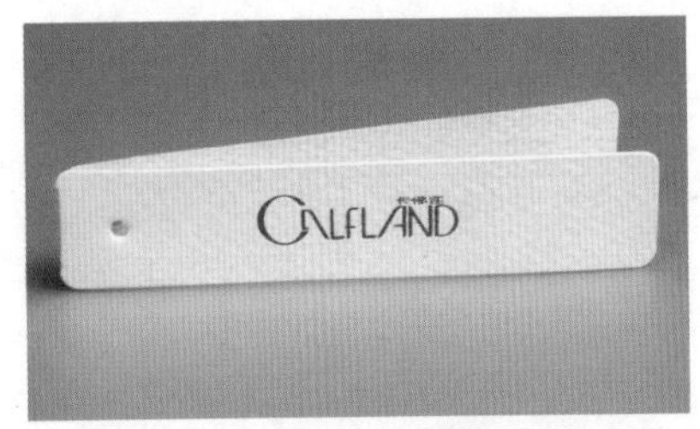

图5-10　卡佛连品牌的吊牌

X ELEMENT
自然元素

图5-11　自然元素品牌的标志

图5-12　自然元素品牌的吊牌

加物来看，还包括吊牌绳、吊绳结、备用小辅料袋等。

吊牌各个方面的设计都需要细致的推敲，并与整个视觉识别系统相一致，这是难度所在。

（一）吊牌的图形设计

1. 单纯以标志为主体，突出标志造型

这是一种最简单而常用的方法，可以用单纯的设计语言达到最鲜明的识别效果。

以卡佛连为例，它的一款吊牌就采用了非常简洁的设计——白色的底色上一枚单色的标志，这款吊牌与该品牌其他色彩缤纷的吊牌组合在一起使用，很好地突出了品牌的核心识别——标志，而不会让标志淹没在复杂的色彩和图案当中（图5-10、图5-11）。

淑女屋的二线品牌自然元素的吊牌采用了单纯以标志为主体的方式（图5-12）。这种风格极为简洁，所以每一个元素都要用得精准，比如纸的材质（手感略粗）、色泽（低调的灰色），吊牌绳子的用料（细麻绳），标志所在的位置（偏在一角），文字排版（斜放）等，都突出“自然”风格。

DIOR品牌的两款吊牌，白色的底衬托出标志，即使是挂吊牌用的丝带也是白色的，上面仅刺绣着迪奥的标志，没有其他的装饰图形。“Dior”文字应用部分的简洁似乎表达出它一贯的品牌风格。（图5-13、图5-14）

图5-13　DIOR品牌的吊牌

图5-14　DIOR品牌的吊牌中装辅料的纸袋

2. 以辅助形为主

辅助形的运用可以有多种方式，而且经过一段时间的使用后，也可以改变。所以这类吊牌的形式非常丰富。当然，万变不离其宗，它表达的始终是品牌的核心理念。以卡佛连的装饰吊牌为例，优雅的花卉图案与其产品的雅致风格相一致，很好地拓展了品牌的视觉形象，在细节上增添了趣味性（图5-15）。

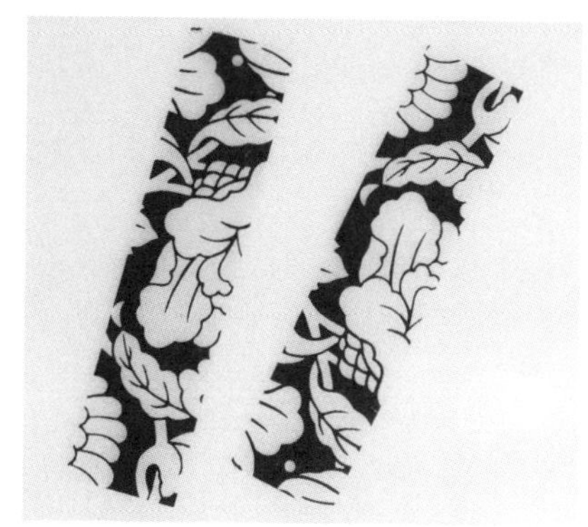

图5-15　卡佛连品牌的装饰吊牌

（二）吊牌的色彩设计

吊牌主色调一般可选择品牌的标准色或辅助色，与视觉识别系统中的其他应用要素相一致。如李（Lee）品牌牛仔采用了鲜艳的黄色作为其吊牌主色（图5-16），既可与牛仔裤的灰蓝色形成反差，又可以与竞争对手李维斯（Levi's）品牌的标准色鲜红色形成区别。

图5-16　Lee品牌的吊牌

（三）吊牌的材质设计

当平面设计拓展到现实的三维空间之后，设计师要有更多的想象力，才能有更多的新意。材质从纸质、塑胶、木质到布料，再到混合材质，变化丰富。每种材质都体现出特定的风格，如何选材就根据品牌的风格而定了。

1. 纸质吊牌

因为价格便宜、加工方便纸质成为吊牌最常用的材质。在纸质的表面做一些肌理的效果，可以使吊牌显得更加精致、有设计感。如自由空间（Konzen）品牌的一款吊牌就使用了这种方法。自由空间的中英文标志以与纸质同色的方式出现，不同在于它们微微地凸起来，通过光的投影可以隐隐约约地看到标志的造型。在若隐若现中，吊牌给人的感受格外丰富（图5-17）。

当纸拥有了厚度之后，它就不再仅仅是一个单纯的平面，它其实有了三个维度，并拥有了塑造空间的能力。镂空设计成为拓展空间最有效的方法之一，透过挖空的部分，可以看到另一面，如图5-18~图5-21所示。

图5-17　自由空间品牌的标志与吊牌

图5-18　镂空吊牌

图5-19　组合吊牌

图5-20　印花吊牌

图5-21　镂空吊牌

2. 塑料吊牌

塑料因为价格便宜、耐用而成为常用的搭配材质，一般与纸质吊牌组合在一起。塑料材质有透明塑料、半透明塑料和不透明塑料三种。

塑料吊牌上也可以进行肌理设计，如宝飘品牌的点阵凹洞吊牌则模仿了该品牌的运动鞋底的肌理风格，表达出富有弹性的运动鞋特点（图5-22）；ESPRIT品牌的透明吊牌与另一张纸质主吊牌形成丰富的黑白调子（图5-23）；E元素品牌的镂空字和仿金属的银色表面，表达出轻盈与科技的感觉（图5-24）。

3. 布质吊牌

布质吊牌因为富有肌理、手感好、结实耐用而成为目前很多品牌的选择，一般也与纸质吊牌组合在一起使用如图5-25~图5-27所示。

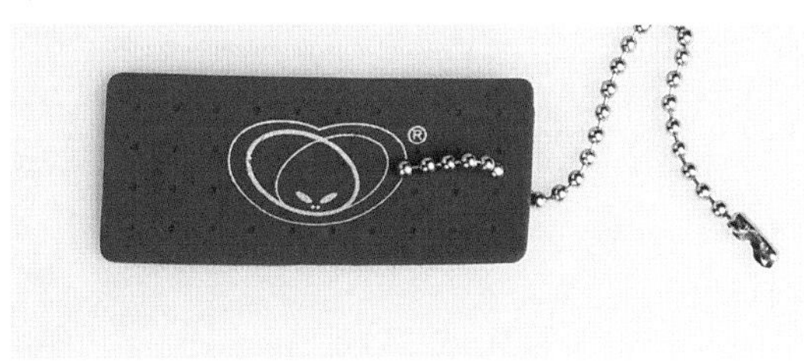

图5-22　宝飘品牌的不透明软塑料吊牌

图5-23　ESPRIT品牌的透明吊牌

图5-24　E元素品牌的镂空吊牌

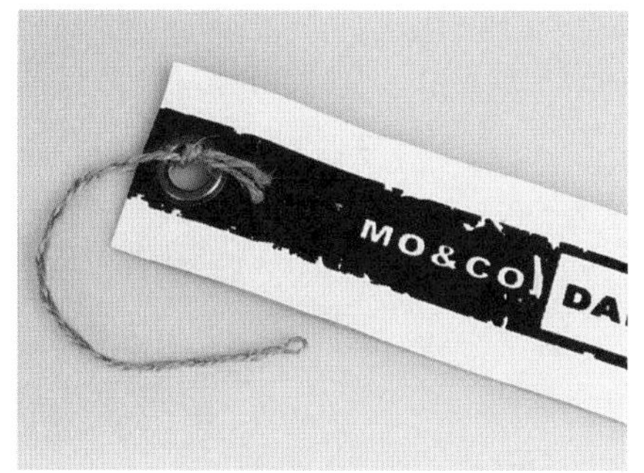

图5-25　布质吊牌

图5-26　布质吊牌

图5-27　布质吊牌

4. 混合材料吊牌

当各种材质组合的时候，肌理变得更加丰富，富有装饰感，如纸与线的混合、皮革与纸、铜圈的混合等，如图5-28、图5-29所示。

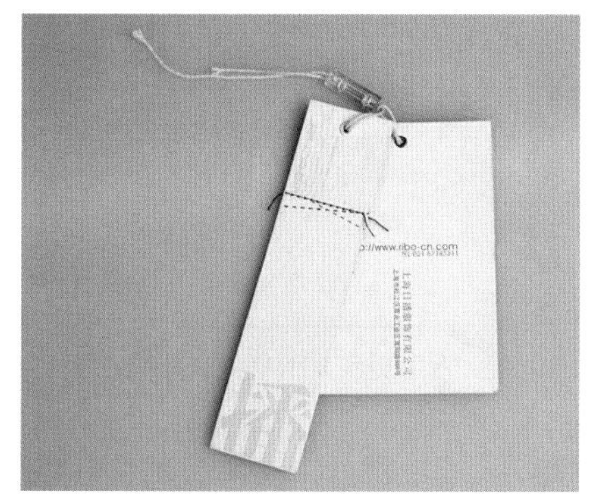

图5-28　播品牌的缝线吊牌

图5-29　GF品牌的皮质吊牌

（四）外形设计

吊牌除了常规的矩形之外，还有正方形、菱形、梯形、圆形、椭圆形、三角形、不规则形等。如个性品牌万圣节（The Nightmare Before Christmas）的吊牌外形就是根据其中的装饰图形的外轮廓形而设计的，增加了趣味性（图5-30、图5-31）。

图5-30　万圣节品牌的不规则形吊牌

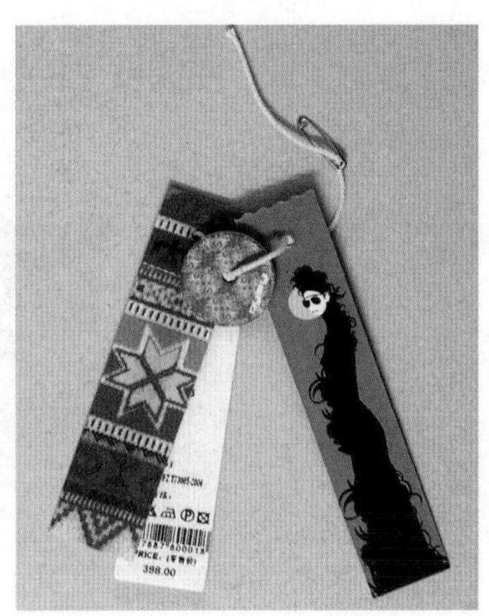

图5-31　圆形与长方形组合吊牌

（五）吊牌的文字设计

吊牌的文字设计主要是从内容和字体选择、编排方面着手。吊牌上的内容一般可包括：

（1）品牌标志、品牌名称。

（2）公司全称、公司地址、联系方式。

（3）加工厂全称、加工厂地址、联系方式。

（4）广告语或设计说明。

（5）合格证：产品名称、货号、号型、成分、洗涤方法、执行标准、产品等级、检验是否合格、安全类别、产地、注意事项。

（6）价格标签：产品名称、产品代号、条形码、尺寸码、价格。

（7）售后服务卡。

其中部分内容可以根据需要合并在一起，比如广告语可以与标志放在一起，价格标签可与合格证放在一起。如阿迪达斯的吊牌设计，将品牌标志与公司全称、公司地址、联系方式放在一起，其他部分则独立出现（图5-32）。

（六）吊牌的附件设计

吊牌是衣服的附件，而它自己也有小附件，如吊牌绳（其功能是将吊牌串起来，吊在衣服上）、吊牌结（其功能是把几个吊牌固定在吊牌绳的一定位置）、备用小辅料袋（一般内装备用的纽扣、配色线、配色布、熏衣香料等），如图5-33~图5-37所示。

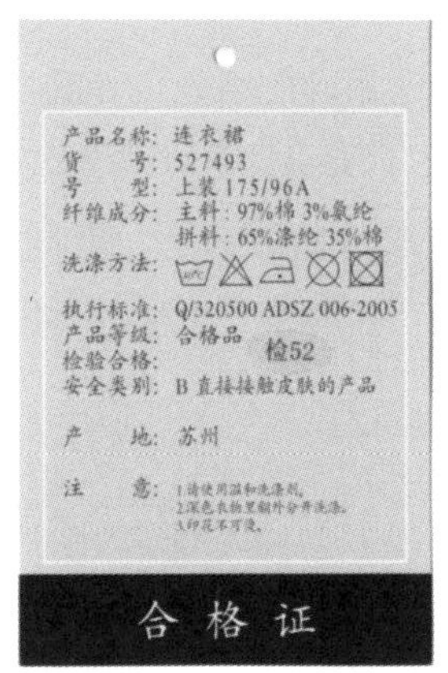

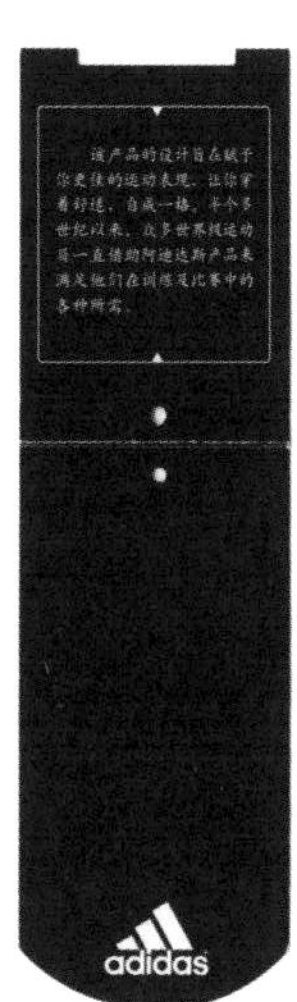

图5-32 阿迪达斯品牌的吊牌设计

图5-33 犁人坊品牌的方形吊牌结

图5-34 欧时力品牌的备用辅料袋

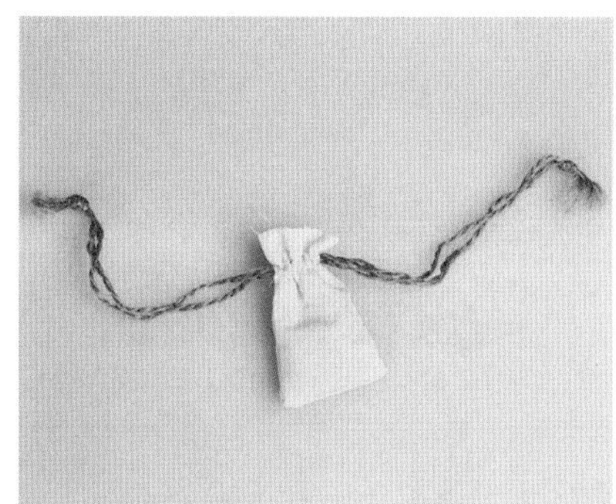

图5-35 熏衣香料包附件

图5-36 备用辅料袋附件

图5-37 亚历山大品牌的吊牌与圆形吊牌结

（七）吊牌的组合设计

如何把吊牌及所有附件进行统一规划并很好地组合在一起，就是吊牌的组合设计的任务，吊牌的组合上可以有别出心裁的设计，如江南布衣的一款吊牌，以单张纸的折叠方式，将衣服的保养过程展示出来——从衣服的手洗、阴干，轻柔地卷起来，避免熨烫，到穿时打开，形成带褶皱的时装效果。整个吊牌显得既细致又有趣，在细节中体现了品牌的体贴（图5-38、图5-39）。

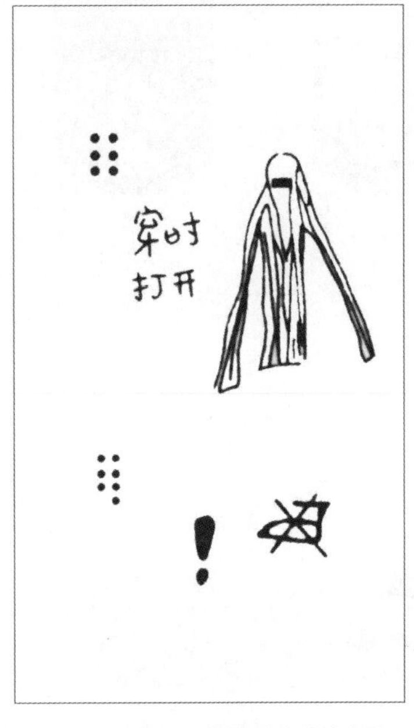

图5-38 江南布衣品牌吊牌上的洗涤说明图文

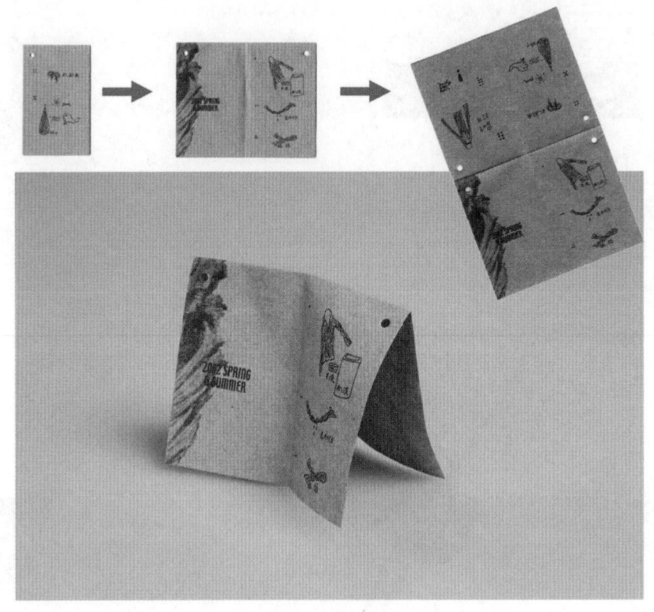

图5-39 江南布衣品牌的洗涤说明与吊牌的整合设计

二、装饰标签

装饰标签包括织章、胶章、金属章、皮牌、纸牌，它们在表明品牌的同时，还起到装饰和广告的作用，如图5-40~图5-44所示。

图5-40 镂空织唛

图5-41 镂空织唛

图5-42 V&R品牌的织唛

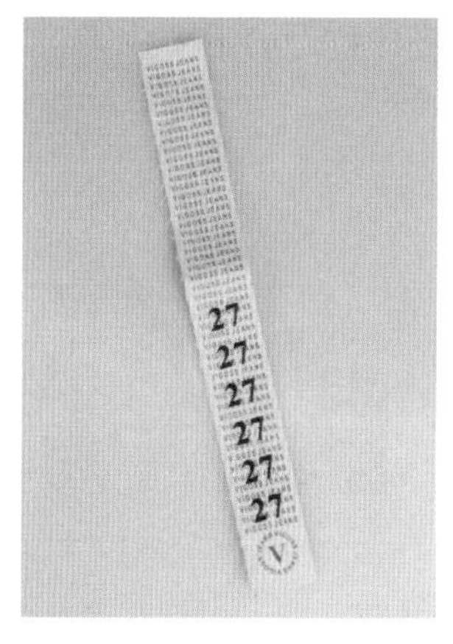

图5-43　尺寸唛

图5-44　金属装饰牌

三、纽扣、拉链头等其他功能性辅料

纽扣上也是可以打上品牌印迹的地方。方寸之间，尽显时尚风采。如男装品牌登喜路（Dunhill）的袖扣，精致而优雅，标志的形状与大小与纽扣的外形的材质相适应。拉链头等其他辅料的设计原则与纽扣一样（图5-45~图5-47）。

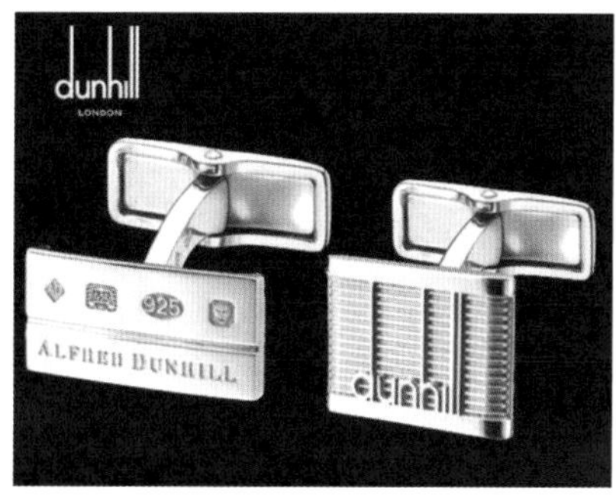

图5-45　登喜路品牌的纽扣

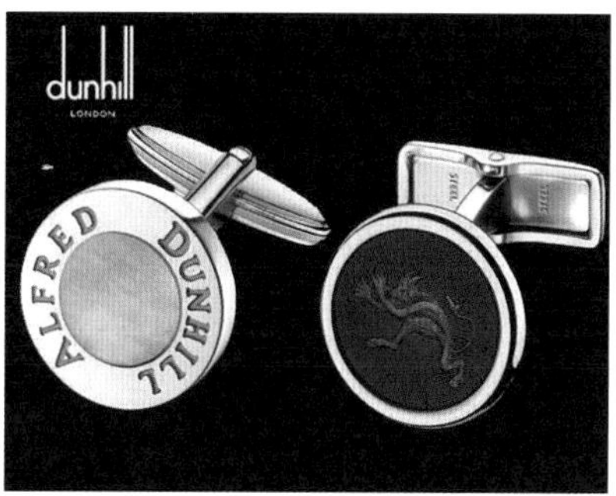

图5-46　登喜路品牌的纽扣

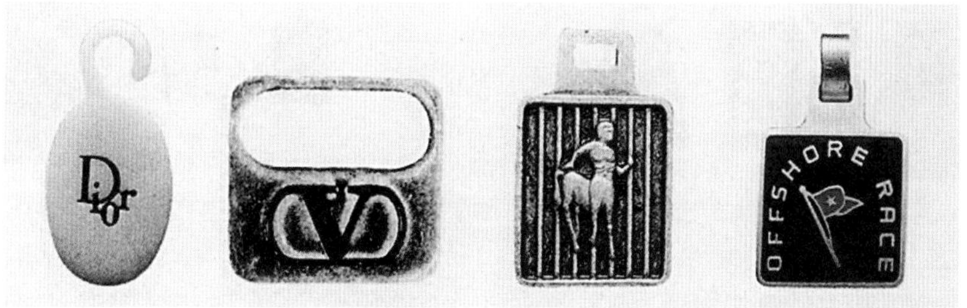

图5-47　拉链头

四、案例赏析：C&D品牌辅料设计实战分析（图5-48～图5-55）

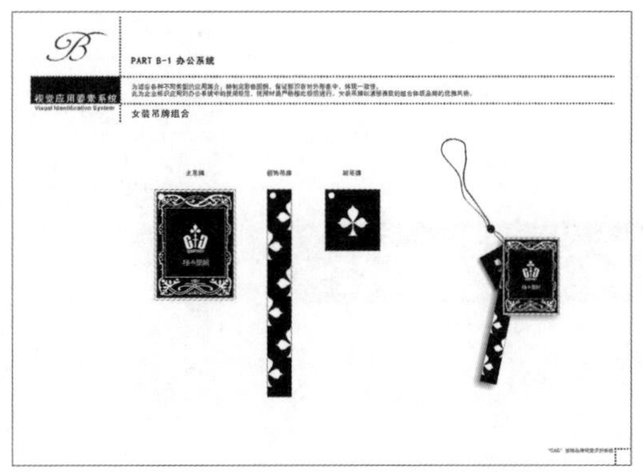
图5-48　C&D品牌女装吊牌设计

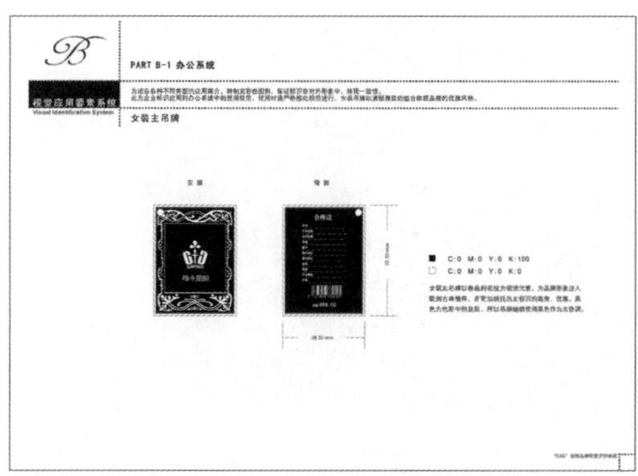
图5-49　C&D品牌女装主吊牌设计

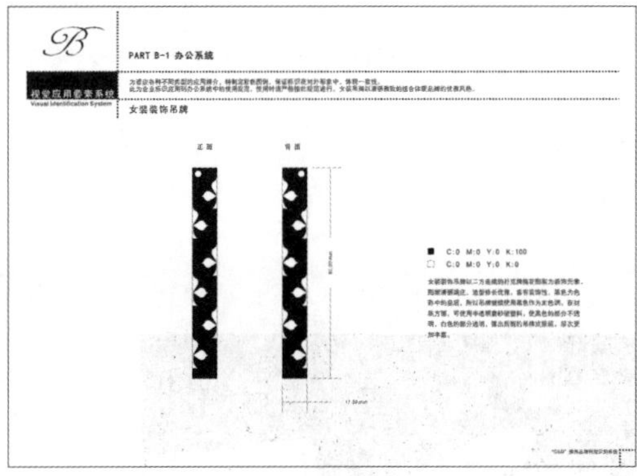
图5-50　C&D品牌女装装饰吊牌设计

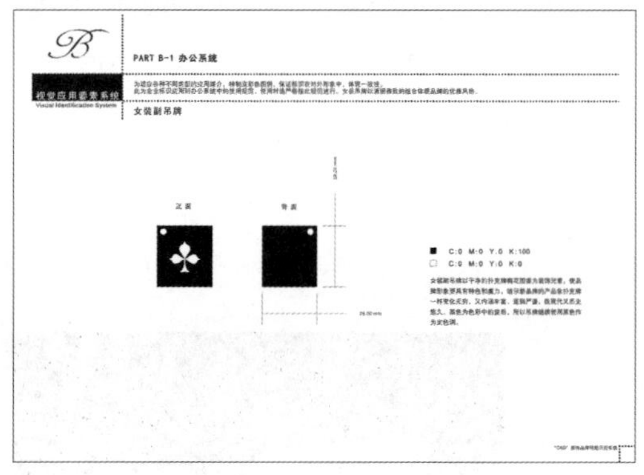
图5-51　C&D品牌女装副吊牌设计

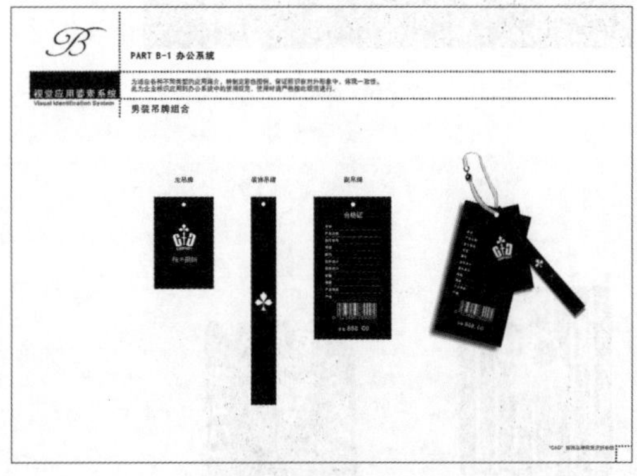
图5-52　C&D品牌男装吊牌

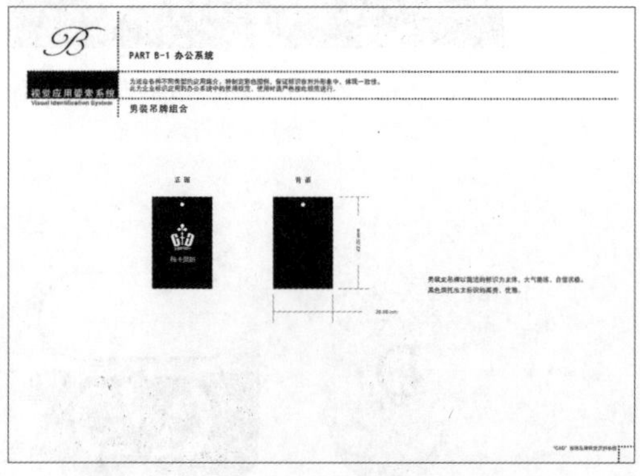
图5-53　C&D品牌VI的辅料系统：男装主吊牌

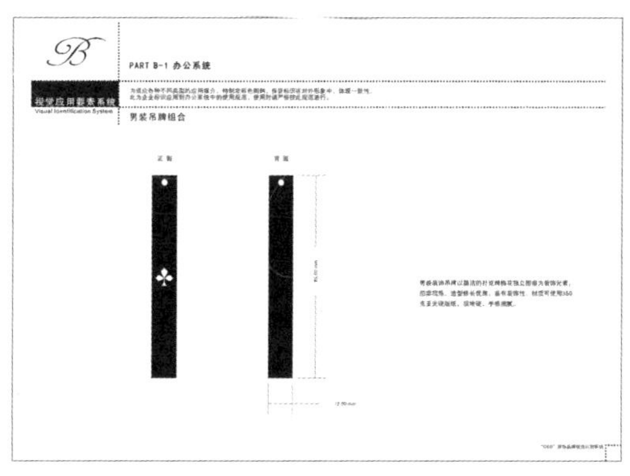

图5-54　C&D品牌VI的辅料系统：男装副吊牌

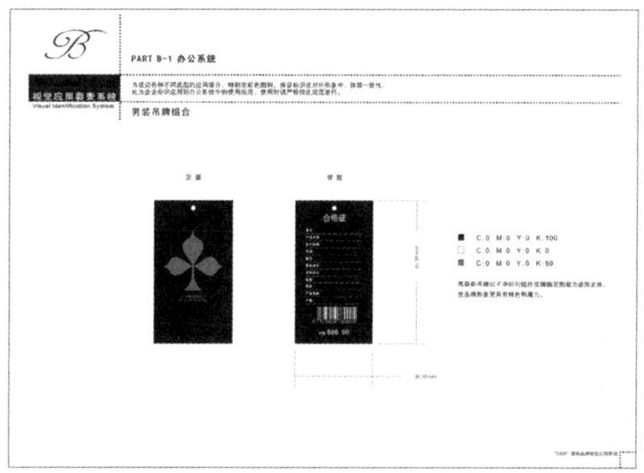

图5-55　C&D品牌VI的辅料系统：男装合格证

第三节　包装设计

包装常常伴随着产品走入千家万户，上面关于品牌的标志、图像、文字就成了可移动的迷你广告。

应用系统中的包装设计主要是将企业产品的各类包装条理化和系统化，设计风格和表现手法应该接近和统一，使之成为企业整体形象中的一部分，包括各类包装纸、包装袋、包装盒、包装箱、容器（如香水瓶）、商品标签、包装用的封缄、粘贴商标及其他专用包装材料。其中有部分类别也可以属于辅料系统（如商品标签），两者的区别在于，辅料系统一般是指时装产品本身所带有的面料之外的材料部分。因此，放在时装产品上的商品标签可以归为辅料系统，而置于包装盒上的商品标签则可归为包装系统。

一、手提袋设计

人们购物之后满载而归，手中各式各样的手提袋成为城市中一道时尚的风景。具有品牌风格、标有品牌名称的购物袋在大街小巷里流动，成为极具特色的迷你广告，并且在顾客反复使用的过程中，不断提醒他那次购物的美好经历、让他回味时装产品的穿着体验。

时装品牌的包装袋设计的特点在于：时装产品具有季节性，因此包装设计不仅要根据季节变化进行色彩上的变化，还要设计出不同规格的包装袋，以适用于不同厚薄服装的包装。

时装品牌手提购物袋的外观设计通常有以下几种：

1. 以标志为素材

没有多余的装饰，简洁利落，品牌识别醒目突出（图5-56~图5-58）。这类手提袋因其简洁而特别注重色彩与材质的选择。如DIOR品牌其标志以精致的黑色油墨印刷于有一点微粒肌理的厚白色纸袋上，厚实的质感与精细的印刷字体形成对比，显得高档大气。

CHANEL品牌的手提袋也采用了黑白色调，与DIOR品牌的不同在于黑色的绳子，以及标志字体更大更粗，纸袋的尺寸比例更狭窄。这样显得更年轻活泼与其最经典的黑白套装系列非常协调，优雅而简洁，如图5-59~图5-61所示。

图5-56　DIOR品牌的小手提袋

图5-57　DIOR品牌的大手提袋

图5-58　DIOR品牌的办公系统和包装系统

图5-59　CHANEL品牌标志

图5-60　CHANEL品牌手提袋

图5-61　CHANEL品牌的服装产品

路易·威登（LOUIS VUITTON）品牌的手提袋，选择了深沉的咖啡色作为整个袋子的基调，与布纹纸的结合使之更具有质感，显得厚重而品质良好，与其著名的箱包产品定位一致：传统、品质超群、耐用，如图5-62~图5-64所示。

图5-62　LOUIS VUITTON的品牌标志

图5-63　LOUIS VUITTON品牌的手提袋

图5-64　LOUIS VUITTON品牌的产品

犁人坊（Lirenfang）品牌的手提袋，选择了褐色作为整个袋子的基调，与浅咖啡色的结合使之更具有自然风格，仿佛是黑色的老树上雕刻出标志的名字。这种感觉符合了其品牌最初定位的自然、传统风格（图5-65）。

图5-65 犁人坊的手提袋

2. 以标志和广告语为素材

在简洁的手提袋上，除了突出标志之外，还可添加恰当的广告语，流动的广告大使就这样诞生了。如江南布衣（JNBY）的手提袋，纯净的白色衬托出标志主体和广告语："享受自然的快乐，享受美丽的你"（Joyful Natural, Beauteous Yourself）。手提袋通过色彩、材质、文字很好地表达出"都市田园"的品牌概念，如图5-66~图5-68所示。

图5-66 江南布衣品牌的标志

图5-67 江南布衣品牌的手提袋

图5-68 江南布衣的手提袋

3. 以辅助形为设计素材

对于像巴宝莉（Burberry）这样的时装品牌来说，辅助形似乎比标志本身更具有识别性，因为它是如此简洁、易辨别，又如此特别，以至于品牌极有先见之明地将这种格子图案进行了专利注册，这种带有浓郁苏格兰风情的格子图案于1924年注册成商标。从此以后，经典格子就出现在与Burberry有关的各种场合，如图5-69~图5-71所示。

图5-69 BURBERRY品牌的标志性格子图案

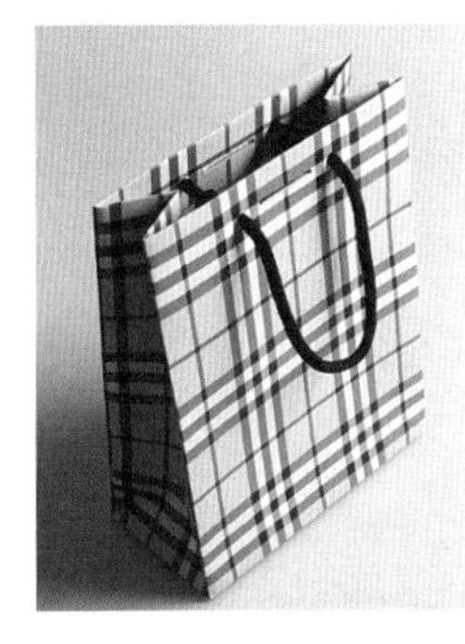
图5-70 BURBERRY品牌的手提袋

图5-71 BURBERRY品牌的香水广告

4. 以标志和其他装饰图形为素材

这种方法比较灵活多变，可根据品牌每个季度的新产品风格特点而确定装饰图形的风格，不局限于特定的图形，可以为消费者带来新鲜感。如黑眼睛品牌的手提胶袋就以非常清新的植物形象与清新的休闲布包产品进行了呼应（图5–72、图5–73）。

5. 以企业吉祥物为素材

企业吉祥物以其鲜明生动的形象给人留下深刻的印象，是企业的经典形象代言人。因此它可以以主角的姿态出现在包装上。著名的米老鼠鲜活地站在其衍生产品服装和钱包的包装上，使人爱不释手（图5–74、图5–75）。

图5–72　黑眼睛品牌的手提胶袋

图5–73　黑眼睛品牌的产品广告

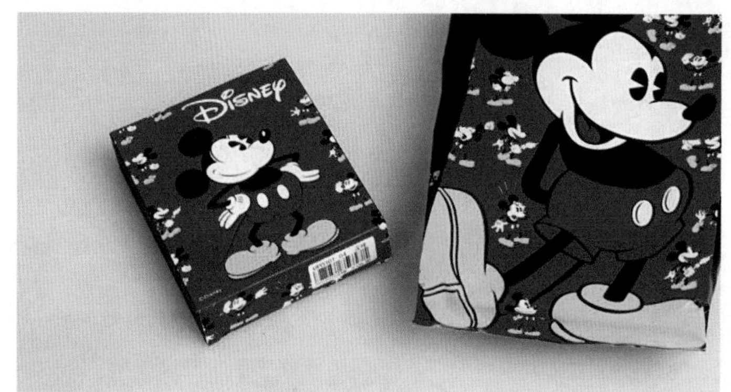

图5–74　米奇服饰品牌的包装盒与小手提胶袋

图5–75　米奇服饰品牌的大手提胶袋

6. 手提袋与其他应用要素的统一

视觉识别系统的一致性、整体性体现在各个应用要素的统一，各个应用要素的统一可以从色彩、设计素材、材质等多方面体现出来。淑女屋品牌的手提袋和装辅料的吊牌袋，都统一使用同样的色调（黑白）、设计素材（标志）（图5–76~图5–78）。同一品牌的不同时期会有不同风格的视觉识别系统，因此，手提袋和辅料等应用要素也会随之而改变。如欧时力品牌，它从早期的绿色时期走到红色时期，转变很大，原有的视觉识别系统色调清新，格调高雅，新的则更加充满活力，具有现代气息，使之受到更多消费者的欢迎。

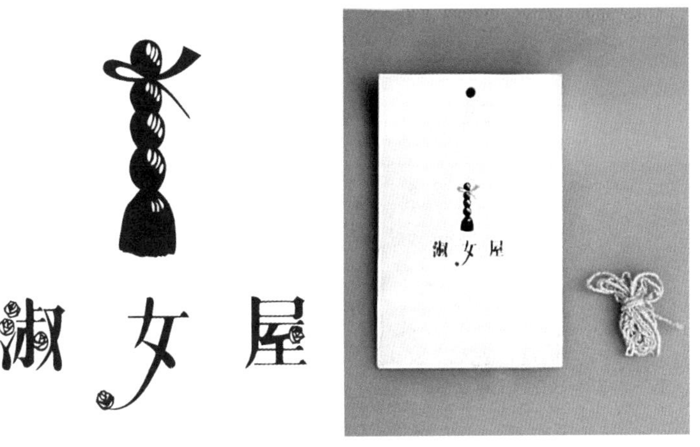

图5-76　淑女屋品牌的标志

图5-77　淑女屋品牌的吊牌与备用线

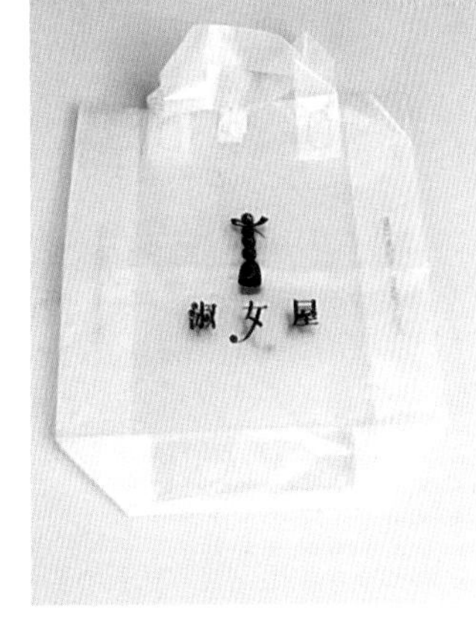

图5-78　淑女屋品牌的手提袋

二、案例赏析：C&D品牌手提袋设计实战分析（图5-79～图5-83）

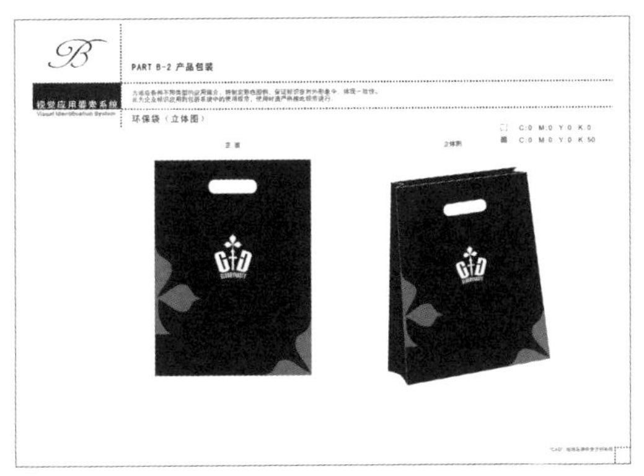

图5-79　C&D品牌环保袋（立体）设计

图5-80　C&D品牌环保袋（展开图）设计

图5-81　C&D品牌环保袋（立体图）设计

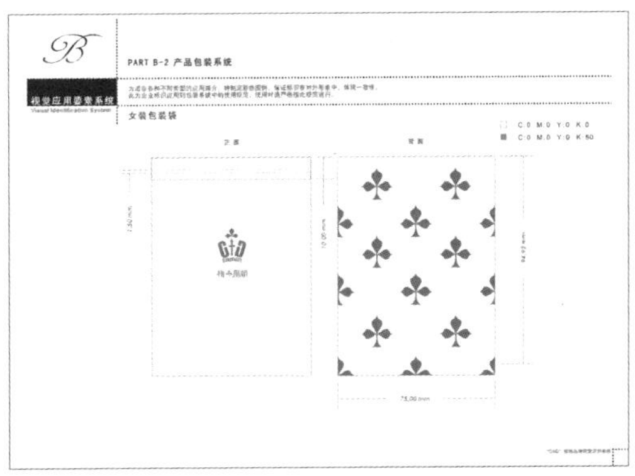

图5-82　C&D品牌女装包装袋设计

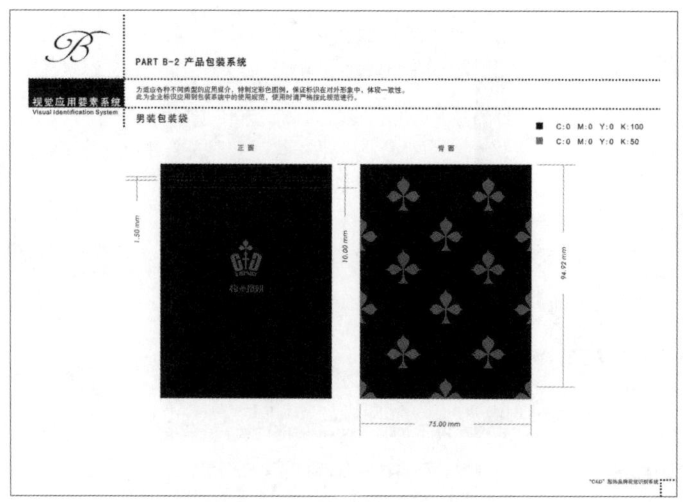

图5-83　C&D品牌男装包装袋设计

三、不同服饰产品的包装设计

许多著名时装品牌的产品线不仅仅局限于时装，还会推出多种相关产品，比如首饰、皮带、钟表等。不同的产品因其形态不同会对包装有不同的要求，如皮带的包装可以设计成为圆筒形，以便适合于皮带卷起来的形态。而丝袜的包装则通过有曲线造型的透明部分来展示丝袜的光滑与柔韧性。

四、香水瓶设计

在时装品牌拓展到多种相关产品时，须进行特殊包装设计，其中香水瓶设计是极具魅力的一个类别。香水瓶的设计要与时装品牌形象保持一致，并通过精良的设计体现出品牌的内涵。时装品牌的设计总监甚至会亲自出马进行香水瓶的设计（如伊夫·圣洛朗），其重要性可见一斑。

（一）设计原则一：香水瓶的设计风格与品牌风格一致

伊夫·圣洛朗（Yves SAINT LAURENT）所设计的香水瓶一如他的时装，典雅、高贵，具备了经典作品所需要的一切品质：恰当的比例、端庄的造型、优雅的细节。如绳索般的装饰细节成为这个系列香水瓶的一个美丽的特征，红色的香水瓶盖仿佛是带有波斯风情的头饰，整个设计充满了异域风情（图5-84、图5-85）。

夏奈尔五号香水（CHANEL No.5）是另一款极具代表性的经典设计，这款香水的包装设计极具革命性，是首次以数字命名的香水，并大胆使用了最简洁的方形造型来盛装女性香水，现代而独立的品牌个性表露无遗（图5-86）。

图5-84　YVES SAINT LAURENT所设计的香水瓶

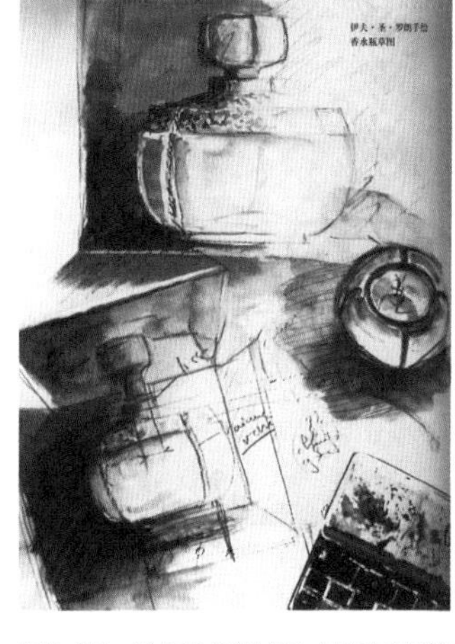

图5-85　YVES SAINT LAURENT的香水瓶设计效果图

图5-86　CHANEL No.5香水瓶

"一生之水"是日本设计大师三宅一生（Issey Miyake）第一支全系列的香水，以简单的元素表现惊人的创意，是他一贯的创作风格。对这一瓶香水，他希望追求一种基本的精神要素。要"清澈得像泉水一样"，因此，他决定取名"一生之水"，代表纯净、幸福，如同在阳光反照下的温暖感觉，是一瓶生命之水。"一生之水"香水瓶的创作灵感源于一个浪漫的瞬间。一个晴朗的夜晚，三宅一生先生凭窗远望，远处的巴黎铁塔映入眼帘，一轮满月当空高挂。那一刹那间，这醉人的景色征服了大师的心。而这就是"一生之水"圆锥形透明瓶身的由来，抛光钢质的瓶盖顶端点缀着一个水晶球，整个造型宛若一轮明月悬挂于铁塔之上，其中正蕴含着生命之水无与伦比的芬芳（图5-87）。

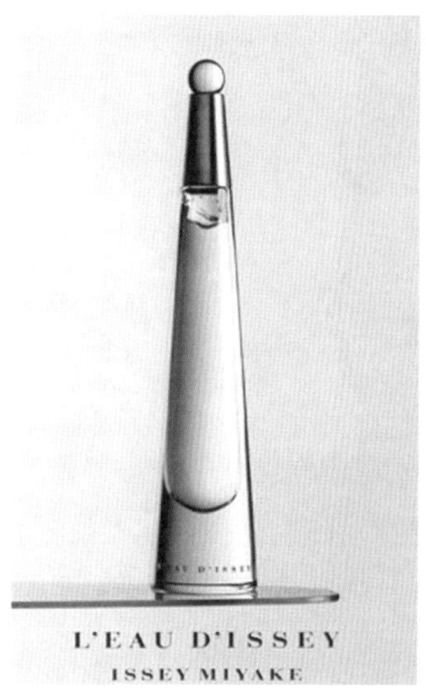

图5-87　三宅一生品牌的香水瓶

让娜·朗万（Jeanne Lanvin）的琶音香水（ARPEGE，图5-89）的黑球瓶出自阿尔芒·拉多（Armand Tateau）之手，圆形的瓶身如一枚深沉的宝石，表达出母女之间真挚的爱。保尔·伊力泊设计出著名的广告：朗万携女，图像简洁温馨，令人感动（图5-88），朗万品牌的广告、插画也是同样的优雅、简洁、柔软（图5-89~图5-91）。

图5-88　LANVIN品牌的标志

图5-89 LANVIN品牌的香水瓶

图5-90 LANVIN品牌的香水广告

图5-91 LANVIN品牌的插画广告

（二）设计原则二：在香水瓶中设置具象的品牌象征

具象的品牌象征是指利用植物、动物、人物、物件等具体的造型或色彩，象征品牌最独特的个性。

亚历山大·麦奎恩（Alexander Mcqueen）的王国（Kingdom）女性香水瓶像一瓣红色的半开的心房，又像一滴鲜红的血滴，红色透明的玻璃，与光滑镜面的金属卵形瓶身形成对比，血滴型的香水瓶里似乎盛装着最富有幻想的香水，表达了亚历山大·麦奎恩品牌既邪恶又浪漫的个性（图5–92）。

以人物为造型灵感来源的香水瓶，最出名的莫过于安娜·苏（ANNA SUI）的娃娃头和蝴蝶造型的香水瓶（图5–93、图5–94），睁着大大的眼睛的娃娃形象使该品牌的产品独树一帜，与品牌具有梦幻色彩的独特风格十分吻合。

另一个推出风格独特的具象造型香水瓶的品牌是让·保罗·戈尔捷（Jean Paul Gaultier，图5–95），设计师以大胆诡异、反叛的摇滚风格著称，他所推出的香水瓶以人体为造型灵感，并

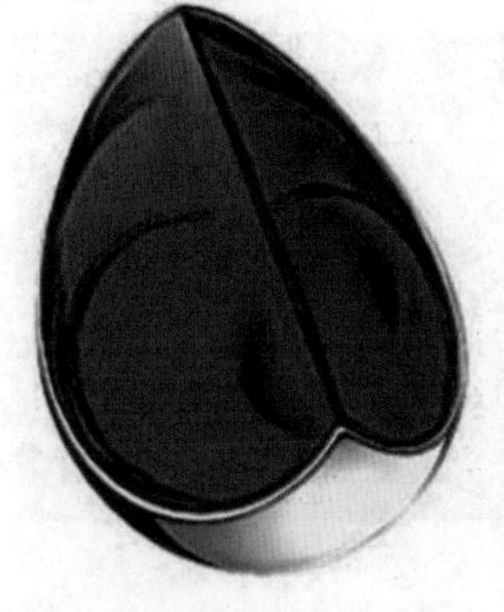
图5-92 Alexander Mcqueen的血滴香水瓶

图5-93 ANNA SUI的娃娃头造型香水瓶

图5-94 ANNA SUI的蝴蝶型香水瓶

辅以蕾丝图案或紧身内衣的造型，与其性感大胆的服饰风格相一致。在他的服饰设计作品中，多次使用了内衣外穿的设计手法，这种元素在充满诱惑力的香水瓶造型中再次发挥得淋漓尽致（图5-96、图5-97）。设计师被誉为时装界的“鬼才”“坏男孩”，这款造型独特的香水瓶似乎就是“坏男孩”的一个玩具（图5-98）。

有些香水瓶的在瓶盖造型设计上颇费心机，富有创造力的造型引起人们无限的遐想。如尼娜·丽兹（Nina Ricci）的“时代之风”（旧译“比翼双飞”，L’air du temps）香水瓶由著名的玻璃设计雕刻师拉利克（Lalique）设计，一对水晶飞鸽，象征飞翔的时代与时间，象征着和平、青春永恒，无忧无虑的生活。它体现的是爱，是女子的灵魂（图5-99）。

Jean Paul GAULTIER

图5-95 Jean Paul Gaultier品牌标志与设计师

图5-96 Jean Paul Gaultier的人体型香水瓶

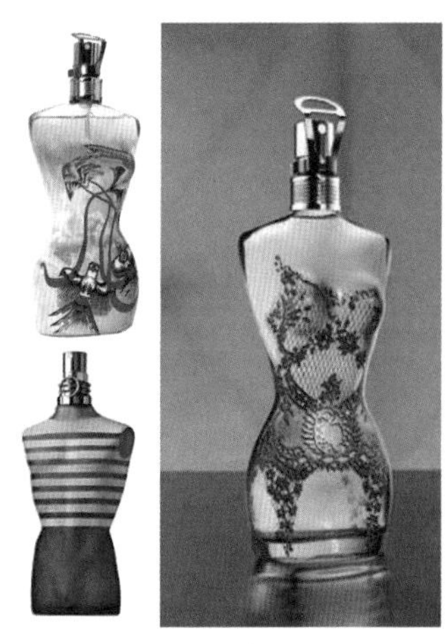

图5-97 Jean Paul Gaultier的内衣型香水瓶

图5-98 Jean Paul Gaultier的内衣外穿类作品

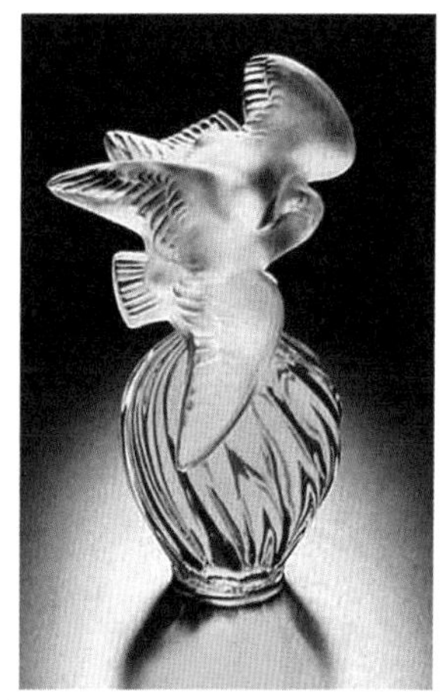

图5-99 Nina Ricci的飞鸽香水瓶

（三）设计原则三：情侣香水须注重成对香水瓶的异同性

这一类的香水瓶设计注重男性与女性香水瓶的异同点，通常在某种元素上采用统一的设计，在另一种元素上进行微妙变化，形成呼应与对比，表达出情侣间的亲密与两性的差异（图5-100）。

图5-100　ARMANI的情侣香水瓶

（四）设计原则四：注重香水瓶名字、瓶身及包装的整体大创意

整体大创意的出现可使香水的消费体验提升到一个新的层面，如荷兰设计师品牌Victor&Rolf 所推出的鲜花炸弹（Victor&Rolf Flowerbomb）香水，曾获得广告创意大奖。其独特之处就在于“鲜花炸弹”这个概念，女性香水以粉色的多面体瓶身与简洁的柱状金属瓶盖相组合，仿若一个透明的粉色炸弹，随时可引爆其容器内清香四溢的液体。这充满矛盾的名字与视觉形象，给人以惊奇。

其包装盒的设计风格就延续到其他化妆品包装中，成为一个完整的系列，如图5-101~图5-106所示。

图5-101　Victor&Rolf的鲜花炸弹香水瓶

图5-102　Victor&Rolf的鲜花炸弹香水瓶和系列包装

图5-103　Victor&Rolf的鲜花炸弹香水广告

图5-104　Victor&Rolf的男性香水包装

图5-105　Victor&Rolf的男性香水包装

图5-106　Victor&Rolf的男性香水广告

第四节　广告设计

广告是时装品牌视觉识别系统中最具有感染力的部分，对塑造富有魅力的时装品牌形象起着极大的作用。

一般平面设计公司在承接视觉识别设计任务时，较少设计广告的内容，一般只规定品牌标志或标志与名称组合在广告版面上的位置，广告的设计交由专业的广告公司进行创作。广告是视觉识别系统中极其重要的一部分，它对品牌的识别起着关键的作用，与标志的影响力不相上下。这是时装业的特点，广告直观、形象鲜明、创意空间大、便于传播，并且不断翻新。消费者对时装品牌的渴望正是由这些精彩的广告作品所引起的。

LVMH集团总裁贝纳阿尔诺在接受《哈佛商业评论》杂志的访问时说："广告必须呈现

品牌自身的形象。”例如迪奥的广告，即使不印上公司的名字你也能知道这是为迪奥的产品做的广告，不可能误以为是其他产品的广告。你知道这是迪奥，因为广告模特充分展现了品牌的形象——性感而现代，女性味十足而又充满活力。

在这个领域，各种创意设计可以尽情发挥，小到一枚纽扣，大到无尽的品牌空间，创意都将对服装广告产生影响甚至起决定性的关键作用，下面将从服饰广告的不同创意主体来展开阐述。

一、以时装品牌的标志为设计点

此类广告图形一般以时装品牌名称、时装标志图形展现服装品牌信息。如夏奈尔（CHANEL）的品牌广告，设计师往往利用简洁的内容，夸张的视觉形象表现手法，配以醒目的色彩对比，突出品牌名称或时装品牌标志，树立品牌形象，吸引消费者的注意（图5-107）。

图5-107 CHANEL品牌的广告

还有一类服饰广告将品牌标志中的图形加以扩大化，在整个广告中加以强调。如阿迪达斯在广告中突出了三道线的形态，强调了品牌标志中的图形，加深了消费者对标志图形的印象，并将阿迪达斯与运动更加紧密地联系在一起（图5-108）。

图5-108 ADIDAS品牌的广告

二、以时装品牌的“核心人物”为设计点

“核心人物”是时装品牌的王牌，其魅力吸引着品牌的忠诚顾客每年不断地购买产品，成功的品牌“核心人物”甚至比标志还要深入人心。时装广告就承担着这个直观地塑造“核心人物”的任务。那么，怎样塑造一个充满了魅力的“人物”呢？很多优秀的品牌为我们展示了各种有效的方式：

（一）具象的人物

具象的人物可以由符合品牌定位的时装模特或明星出镜，塑造出品牌这个季度想要呈现出来的情感、身体、时装的魅力，也可以由插画师来创造，呈现出另一种风味。

1. 摄影作品

时装品牌的广告大片从来都是每季宣传的重中之重，因为广告大片的创作有如此多的可能性，由谁来担任主角？谁来掌镜？主题是什么？这些悬念吊足了粉丝的胃口。如迪奥（DIOR）品牌2019春夏成衣系列广告大片由英国摄影师哈雷·威尔（HARLEY WEIR）掌镜，以一场身体律动的赞礼展现了女装创意总监玛丽亚·嘉茜娅·蔻丽（MARIA GRAZIA CHIURI）受舞蹈启发而设计的此系列作品。该广告作品在细腻的灰调中呈现出具有内在浑厚力量的舞蹈，人体与时装既柔软又具有韧性，轻薄的面料舒展而飘动，所塑造的“人物”既性感又纯净，既脆弱又饱满，充满了张力，表达出迪奥品牌的新面貌（图5-109~图5-112）。

如果是以明星为主角的广告，则明星的个人特质、曾扮演的影视角色都会叠加在品牌广告中。选择合适的明星，可以强化品牌“核心人物”的个性魅力。比如夏奈尔（CHANEL）品牌近年来选择了在《傲慢与偏见》中饰演主角的女演员凯拉·奈特莉

图5-109　DIOR品牌的广告

图5-110　DIOR品牌的广告

图5-111　DIOR品牌的广告

（Keira Knightley）担任代言人，她清瘦俏丽，倔强优雅，出身于演员世家，有着浓浓的知性气质。而且与她相关的《傲慢与偏见》、简·奥斯汀、经典名著、爱情故事这些联想，又会为夏奈尔品牌增添更多的经典浪漫色彩，由此看来，她的确是非常合适的人选（图5-113）。

图5-112 DIOR品牌的广告

图5-113 CHANEL品牌的广告

2. 插画作品

具象的人物也可以由插画来表现。比如古驰（GUCCI）品牌近年来启用了插画师Helen Downie，她创造的人物色彩浓郁，天真、华丽，还带有一丝忧伤，生动地表现了GUCCI品牌性感、华丽与孤独的气质（图5-114、图5-115）。

从她以GUCCI时装为灵感的作品中，可以看出插画人物似乎比一般的时装模特更为突出，个性更加鲜明，因为插画人物身上浓缩了创作者自身的人生经历与情感（图5-116）。

图5-114 GUCCI品牌的插画广告

图5-115 GUCCI品牌的插画广告

图5-116　GUCCI品牌的插画广告和对应的时装照片

2. 抽象的人物

以抽象的人物来表达时装品牌的特质也是一种非常独特的方式。如三宅一生品牌，它推出的“一块布”（A-POC）项目将创意与科技完美地结合在一起，将大批量、劳动密集型的成衣生产改造成批量化、少劳动力、顾客参与设计的新型生产模式。而该项目的动画广告则在极简的视觉语言中将品牌识别功能发挥到极致，塑造的“抽象人物”使人印象极为深刻，同时，每一个动画语言的设计都与最终的品牌理念、产品特征丝丝相扣，并体现出该品牌设计师所在国家（日本）的民族文化和传统精神。

“一块布”项目的英文名“A-POC”是“a piece of cloth”的缩写，是三宅一生品牌中极具创新性的设计项目，成品是一块超长的织物，人可从布卷中穿衣。该项目创造出一种包含了服装板型的连续管状织物，顾客可以依据自己想要的长度将袖子和裙子裁剪下来，制作过程是由一根线按次序逐渐地输送进机器中，再出现时就成了一片衣服、配饰或甚至是椅子。

该作品的角色极为抽象，以极简的白色小圆点和白色英文字母构成角色，并通过圆点和英文之间的排列组合、距离的变化构成几种不同的角色（图5-117）。但若深究其每一个细节，无不与产品、品牌和设计理念丝丝相扣，这紧密的关联性不仅增强了角色的联想空间，更使动画作品的推广作用发挥到极致。这就是用动画广告进行品牌识别的策略，在短短的两分半钟内传达出清晰、准确、丰富的内容。

角色如此抽象，却可使观众识别出人形，主要是因为角色与真实的人体有重要的共同之处：符合常规人体的比例和结构关系。其中共15个基本元素，包括4个圆点和11个英文字母，按常规人体比例分布在头、颈、肩、肘、腕、髋、膝、踝等重要关节处。这样的设计不仅使角色在造型上接近人体，而且便于动作的形成，因为人体就是以各个关节为轴而形成的一个复杂的联动机构（图5-118）。

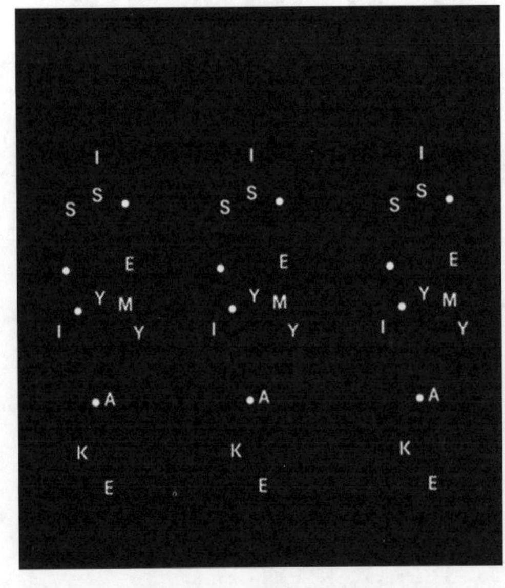

图5-117 A-POC动画广告

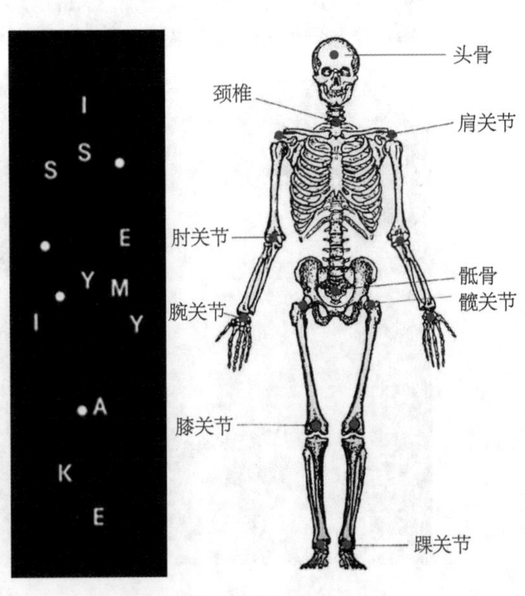

图5-118 动画角色与人体的关联

广告角色主要由圆点和直线构成。圆点在现实世界里的来源非常明显，在“A-POC”项目中，产品的制作过程是由一根线按次序逐渐地输送进机器中，再出现时就成了一片衣服，一根线的截面就是一个圆点。可以这样观看动画：15个圆点就好像15根线的截面，圆点的背后牵着长长的线。圆点人形就仿佛是在线的河流里走动，与设计概念“在布卷中穿衣”暗暗相合（图5-119）。

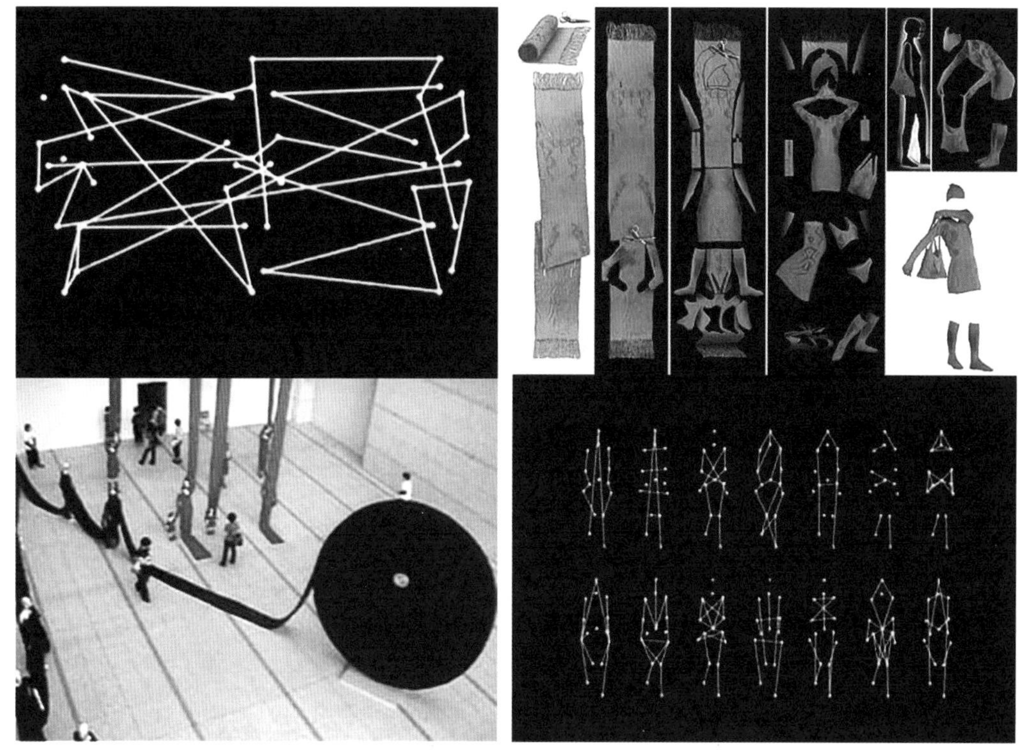

图5-119　动画角色与产品根观念相合

动画作品中着装人物由点和线构成，点依然定位在人体各关节上，而线以头部和腰部的点的虚拟连线为中轴线，基本对称地连接两边的其他关节点，勾画出服装的各种几何造型。这种风格对应了“A-POC”产品系列——三宅一生的几何式服装产品系列，同时也体现出产品的部件化与搭配性。

该作品重点刻画了一系列的人物形象，其个性特点暗示了品牌的个性。广告角色主要包括女性、男性、着装人物等，几种角色都使用了圆点、字母等元素，可以瞬间相互转换（图5-120）。这样的角色设计并非纯粹为了与众不同，而是指示了设计项目的消费群体：“A-POC”项目的目标消费群定位在各个阶层的人，无论性别、年龄、国界，所以只有抽象的、可互相转换的人形才可能指代如此广泛的消费者类别。此外，该角色所具有的神秘气质从某种程度上说，正代表了品牌最独特的个性：三宅一生所追随的理想形象就是中性的、没有情欲的、不断踏着时尚步伐、远远超越时代、走在世人前面的人。你绝不会将这个品牌与性感、爱情等世俗关键词联系在一起，那么，动画作品中这种抽象角色不是最好的视觉代言人吗？

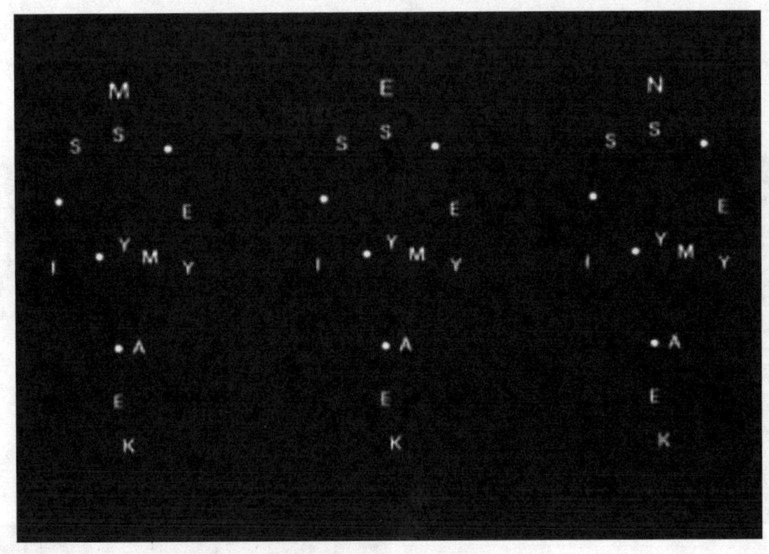

图5-120　动画中的男性角色

三、以时装品牌的故事为设计点

故事是如何表达出来的？除了借助人物之外，还可以通过场景、人物动作、人物之间的关系、道具以及画面组合的方式（蒙太奇）等方面进行表达。

如DIOR品牌的秘密花园系列（图5-121~图5-125）：

图5-121　DIOR品牌的故事性广告

图5-122　DIOR品牌的故事性广告

图5-123　DIOR品牌的故事性广告

图5-124　DIOR品牌的故事性广告

图5-125　DIOR品牌的故事性广告

历史上凡尔赛宫的秘密花园是洛可可时代的一个真实的故事，是由法国的赤字皇后——玛丽皇后为自己打造的一个安静、原始、自然的村庄式小花园。这个花园质朴天然，与凡尔赛宫的富丽堂皇、豪华雄伟形成了对比，它有着女性的细腻、纯真、独立的气质。而DIOR品牌的广告画面则把这些元素巧妙地混合在了一起，安静的小树林，既古典又现代的宫殿，模仿了名画的构图，森林中的Party，奔跑的女孩，直视镜头的女孩，这一切，带给人一种既熟悉又奇特的错觉，仿佛回到了那个洛可可的魅力时代，又仿佛穿越时空，来到了当下。

四、时装品牌的形象广告与产品广告的区别

上述内容就时装广告如何塑造人物进行了讨论。毋庸置疑，时装广告对品牌个性的传播有巨大力量。那么，时装品牌的形象广告与产品广告之间有什么区别呢？两者在塑造品牌形象方面各有什么价值呢？下面就一个本土服饰品牌楷诗·陈的作品案例进行对比。

品牌首席设计师陈云飞告诉我们：这一季的灵感来自古老而神秘的丝绸之路的行者，丝绸之路是古代中西方陆路文化、经济交流通道的泛称，它让古代亚洲、欧洲和非洲的古文明联系在了一起。它是中华民族向全世界展示灿烂文明的门户，也是古代中国得以与西方文明交汇、共同促进世界文明进程的合璧之路，是一条中西方文化、经济、宗教融合之路。在这

条路发生过许多流芳百世的故事与传说，不论是商旅马可波罗，或汉代使节张骞，又或是一代高僧玄奘，他们都在这条以白骨为路标的漫漫长途中，用自己强大的信念与坚毅的精神写下了历史铭记的篇章，是这些人给了她最大的启发。而这种精神正是她想在此系列中表达的。

秋冬的设计是通过赞美伟大的丝绸之路，展现当代女性集坚毅独立与优雅性感于一身的特质。本季的选料与服装的款式结构，从古代长安宫廷与西域少数民族服饰中得到启发，服装上的细节则来源于大漠戈壁中的大地与山脉肌理；将不同质感的材质进行结合，希望每一种材质表达出现代女性的不同气质与精神。此系列献给那些如行者一般坚强的女士们。

由此可看出，图5-126中的品牌形象广告用广袤的沙漠背景准确地表达了主题，飞扬的长外套与沙漠色系的内搭与环境十分契合，人物为半身像，整体画面大气浑厚，富有韵味，塑造了深沉、有力、细腻的品牌人物个性。图5-127所示是同款服装的产品广告，模

图5-126　楷诗·陈品牌的形象广告

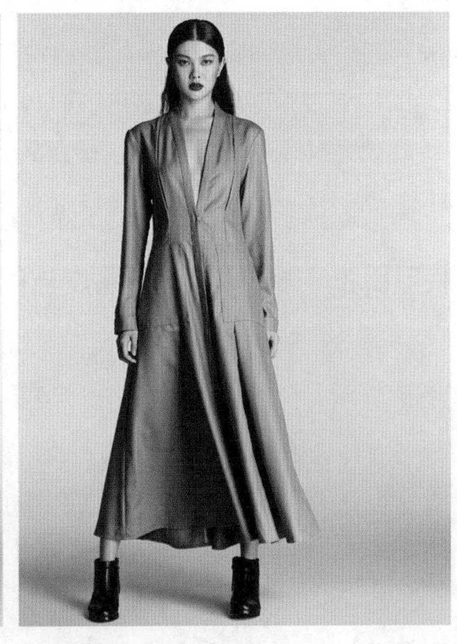

图5-127　楷诗·陈品牌的产品广告

特正面全身直立，白色背景，完整清晰地展示了服装产品的全貌，显得真实、具体。相对而言，形象广告会更注重画面的故事性，烘托情绪氛围，突出人物个性；而产品广告则注重服装的整体真实感，细节清晰，背景简洁，突出产品。

部分形象广告与产品广告界线模糊，如图5-128所示，既可以作为形象广告，也可以作为产品广告。

图5-128　楷诗·陈品牌的形象广告（左）和产品广告（右）

五、案例赏析：C&D品牌广告设计实战分析（图5-129~图5-136）

图5-129　C&D品牌广告画册封面、封底设计

图5-130　C&D品牌广告画册内页设计

图5-131　C&D品牌广告画册内页设计

图5-132 C&D品牌广告画册内页设计

图5-133 C&D品牌广告画册内页设计

图5-134　C&D品牌广告画册内页设计

图5-135　C&D品牌广告画册内页设计

图5-136　C&D品牌广告画册内页设计

第五节　展示设计

时装需要一个具有时尚感的空间来给予消费者真实的体验，这个空间需要精心设计，把品牌的视觉识别特征进行强化。

展示设计是“人们按照特定的功利目标，在限定的空间地域之内，以展品、道具、建筑、照片、文字、图表、装饰、音像等为信息载体，利用一切科学技术和调动作为社会的人的生理、心理反应，创造宜人活动环境的过程。”这个概念表明，它是一个人为环境的创造，其实质是一门空间与场地的规划艺术，是在人与物之间创造出一个彼此交往的中介，是为展示活动提供一个具有美学属性的空间结构。这个空间结构犹如一个巨大的空心雕刻品（内空间展厅、专卖店等内部），或者像一个庞大的深浮雕（外空间展览城、室外展览场），令消费者在其内部运行之中感受多维时空艺术之奥妙。

展示设计通过空间设计，将时装品牌视觉识别从二维拓展到三维甚至四维空间中，大大丰富了顾客对品牌的体验。展示活动以地区来分，有地区性展示、全国性展示、国际性展示；以规模区别，有巨型展示、大型展示、中型展示、小型展示等；以时间来分，则有长期与短期，永久性与临时性之不同；以展示方式分类，则有固定展示、流动展示、巡回展示、可以组装的展示等。下面将重点介绍与时装品牌视觉识别系统密切相关的一种展示形式：时装品牌专卖店店面设计。

一、专卖店店面的设计原则

店面是指专卖店的形象，越来越多的经营者开始重视店面设计。店面设计是一个系统工程，包括店面招牌、路口小招牌、橱窗、遮阳篷、大门、灯光照明、墙面的材料与颜色等许多方面，各个方面只有互相协调，统一筹划，才能表现出整体风格。店面设计的主要目标是吸引各类型的过往顾客，使他们停下脚步，仔细观察，吸引他们进店购买商品。因此专卖店的店面应该新颖别致，具有独特风格，并且与品牌的核心视觉识别元素保持一致。

1. 店面与品牌标志

店面应与品牌标志风格一致，并通过色彩、图形、材质等多种元素突出品牌标志的特点。如迪奥（DIOR）的标志使用了反光材质的组合，顾客在不同的角度、不同距离所看到的反光效果都不同，引起了新鲜的视觉感受，如图5-137~图5-140所示。

图5-137　DIOR品牌的专卖店橱窗

图5-138　DIOR品牌的店面标志

图5-139　DIOR品牌的店面标志局部放大图

图5-140　DIOR品牌的店面标志

如何处理标志与专卖店之间的关系，其中大有文章可作。根据标志造型的特点，再通过一些巧妙的设计，使之成为专卖店精彩的装饰元素。如芬迪（FENDI）专卖店，结合了双F标志的方形特点，将它放大，与通过店面橱窗的边框结合，形成巨大的双F边饰，使人很远就能认出它，如图5-141~图5-143所示。

图5-141　FENDI品牌的店面标志

图5-142　FENDI品牌的店面标志

图5-143　FENDI品牌的店面标志

著名的时尚品牌瑟琳（CELINE）就在店面橱窗的上方和内部侧面都放置了品牌的标志，并把标志设计成模特后面的垂饰的组成部分，将标志图形巧妙地融入许多椭圆形的装饰链条中（图5-144、图5-145）。

著名的时尚品牌麦丝玛拉（MaxMara）也运用了类似的设计手法，强化了标志中的“M”字母，带棱角的大写字母形成富于节奏感的现代画面（图5-146、图5-147）。

图5-144　CELINE品牌的店面标志

图5-145　CELINE品牌的店面标志

图5-146　MaxMara品牌的店面标志与橱窗

图5-147　MaxMara品牌的橱窗

图5-148　七匹狼品牌的标志与标准色

2. 店面与标准色

专卖店为确定统一的视觉形象，应定出标准色，用于统一的视觉识别，显示品牌特性。如七匹狼男装品牌，在各个城市中都采用了统一的深灰绿色作为店牌的色调，使消费者在不同的地方都能一眼认出七匹狼男装的专卖店（图5-148、图5-149）。

3. 店面与标志性产品

将产品特征与店面结合起来，可以通过立体的设计将产品特征放大，给人以深刻的印象。路易·威登（LOUIS VITTON）的专卖店，特征明显，它的造型像一个巨大的路易·威登的箱包，造型逼真，甚至模仿制作出箱包上面的边框肌理、金属加固件和装饰图案，别致而新奇，吸引了众多过往顾客的目光（图5-150）。

图5-149　七匹狼品牌的标志与标准色应用在店面上

图5-150　LOUIS VUITTON的标志与箱子造型的专卖店

4. 店面与辅助形

辅助形是最好的装饰元素，因为它早已被喜爱该品牌的消费者所熟悉。路易·威登（LOUIS VUITTON）就是最大限度地使用辅助形的典范，著名的四叶草图案被大量地使用在专卖店橱窗里、墙壁上、楼梯上、地板上，无处不在，却不会让人感到厌倦，设计师的功力可见一斑。图中的辅助形用在了橱窗的背板上和展台上，展台上的镂空部分就是四叶草图案，灯光从里面射出来，使它们如夜空中的星星一样闪闪发光（图5-151、图5-152）。

图5-151　LOUIS VUITTON的辅助形应用于专卖店

图5-152　LOUIS VUITTON的辅助形应用于专卖店

5. 店面模特与形象代言人

现代时装店的橱窗中，模特已成为必不可少的主体，并成为品牌的“街头代言人”。与明星担当的品牌形象代言人相比，它们成本更低、更具有服从性，更新速度更快、风险更低（不会因为负面新闻而损害品牌形象），所以，它们也越来越受到重视。模特的造型（面孔、人体风格、发型等）、色彩、着装、姿态都体现了品牌所追求的代表性人物形象。如瑟琳（CELINE）的橱窗模特大气优雅，一个简洁的弧度就象征了干练的发型，模特的姿势是同样简洁的几何风格（图5-153、图5-154）。而宝姿（PORTS）的模特省略了发型，光头模特依然端庄优雅，相比CELINE而言更加精致性感，塑造了宝姿所推崇的雅致、知性女性形象（图5-155）。MaxMara的模特则更加俏皮一些（图5-156）。这些品牌的个性通过模特的造型和姿势表达得更加鲜明了。

巴宝莉（BURBERRY）的橱窗模特低调、含蓄、内敛，诠释着它所推崇的经典英式风格（图5-157）。法·法（Fanina Fanini）的橱窗模特则用卷曲的头发、昏黄的灯光、复杂的服饰褶皱，表达出浓烈的情绪如图5-158~图5-160所示。

图5-153　CELINE的橱窗模特

图5-154　CELINE的橱窗模特

图5-155　PORTS的橱窗模特

图5-156　MaxMara的橱窗模特

图5-157　BURBERRY的橱窗模特

图5-158　Fanina Fanini的橱窗模特

图5-159　Fanina Fanini的橱窗模特

图5-160　Fanina Fanini的橱窗模特

随着韩风在中国消费市场上的盛行，进驻国内的韩风服饰品牌推出了具有亚洲审美格调的模特，线条更加柔和，模特气质更加安静，如the MSLAND品牌的模特，平顺柔和的造型与干净明朗的色调一起，塑造出具有韩式风味的少女形象（图5-161、图5-162）。而百家好（Basic House）品牌则用略显平面化的面孔和身材，深色的头发和黑色的眼睛塑造出韩风男子的经典形象（图5-163）。

图5-161　the MSLAND品牌的店内模特

图5-162　the MSLAND品牌的店内模特

图5-163　Basic House品牌的店内模特

相较而言，欧美品牌塑造的女性形象更加立体性感，所塑造的男性形象造型则更加立体硬朗，如Ermenegildo Zegna品牌的橱窗模特，造型与气质与韩风品牌Basic House截然不同（图5-164）。

图5-164　Ermenegildo Zegna品牌的店内模特

由此可见，国内服饰品牌要打造“中国风”，首先可以尝试创作出亚洲版“中国气质”的橱窗模特，塑造出与欧美日韩不一样的时尚人物，再构建整个形象系统。

二、案例赏析：C&D品牌展示设计实战分析

橱窗陈列虽然是立体的品牌广告，且非常重要，但一般也并不包含在VI手册中，因为很难为它建立标准，所以一般由品牌公司聘请专门的陈列设计师来进行设计。以下实战案例只涉及少量的环境识别风格图（图5-165～图5-168）。

图5-165 C&D品牌专柜设计

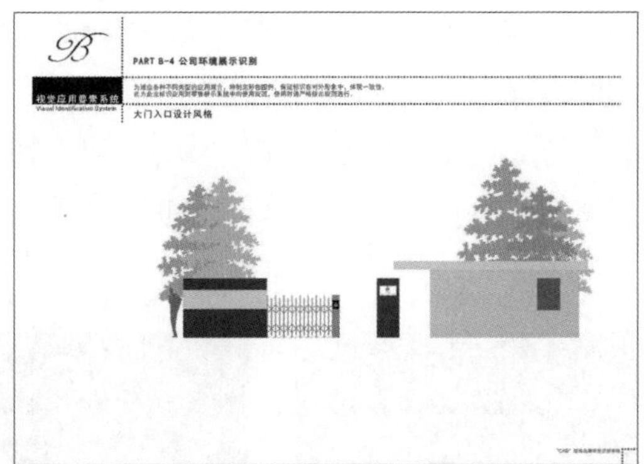

图5-166 C&D品牌公司入口设计

图5-167 C&D品牌公司门牌设计

图5-168 C&D品牌门面设计

理论结合

实践课

REINDEE LUSION

REINDEER GENERATE AN ILLUSION®

REINDEE LUSION（瑞斯）于2013年成立的广州时尚服饰品牌，由彭杰文（Bosco）与邝嘉伟（Gary）在两人在大学时期共同所创立的。以“城市机能”为服饰的设计核心方向，在建筑结构里探索灵感来源，并从中提取出“线条结构”“立体层叠”“建筑架构”“材质重组”等元素展开一系列设计。除产品本身的美感，我们更注重的是穿着时的体验过程，它承载着设计者的思想传达，服饰设计与建筑设计一样，在艺术层面上都具有无限的可能性，但这些可能性都是生活所赋予的。

品牌八年的历练，我们一直坚持将功能性与实用性作为机能服饰的特定标签，为穿着者带来便利也是我们设计的初衷，透过简洁利落的“解构设计”来展现产品理念，与“形功并行”的穿着理念相结合，并针对“城市行者”在通勤与户外多变环境下对服饰的需求性，推出一系列为都市人的生活带来前瞻性的城市功能服饰。

本土新锐品牌视觉识别设计案例赏析

课题内容：新锐品牌视觉识别设计案例赏析

课题时间：4课时

教学目的：了解本土新锐品牌视觉识别设计的多样性，从中提升读者的审美能力和设计鉴赏能力

第六章　本土新锐品牌视觉识别设计案例赏析

案例一：本土新锐潮牌REINDEE LUSION

设计团队：邝嘉伟、彭杰文

指导教师：陈丹

REINDEE LUSION品牌是由两位设计师GARY、BOSCO 2013年成立于广州的时尚品牌。品牌以“让生活不再简单”为设计理念，在保持服饰基本实用性的同时，带来更多在生活上展现前瞻性功能的衣物。设计方向以创新、简约、舒适、时尚为基准，为活跃于都市的年轻人量身打造一系列时尚服饰，产品不但在设计和包装上别具心思，对于材料与工艺的运用上都十分严谨，务求把最好的产品带给消费者。品牌形象以流行感强的蓝色为主调，透过街头时尚元素与英伦风格结合而塑造出与众不同的时尚服饰，为一个需求复杂的市场设计出一个清新、优雅的服装形象，给人一种轻松淡然、却又能让人印象深刻的感觉。

这个年轻的潮牌以其精致、独立、雅致、冷静的格调屹立在时尚潮流中，颇受年轻人的追捧，其视觉识别系统与产品风格具有极强的视觉逻辑（图6-1~图6-31）。

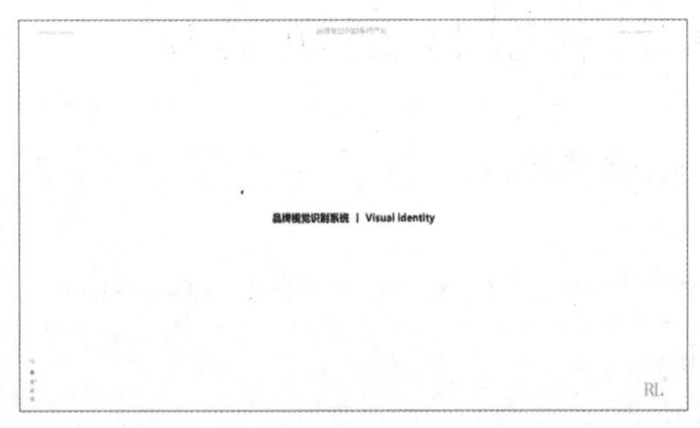

图6-1　RL品牌视觉识别系统封面

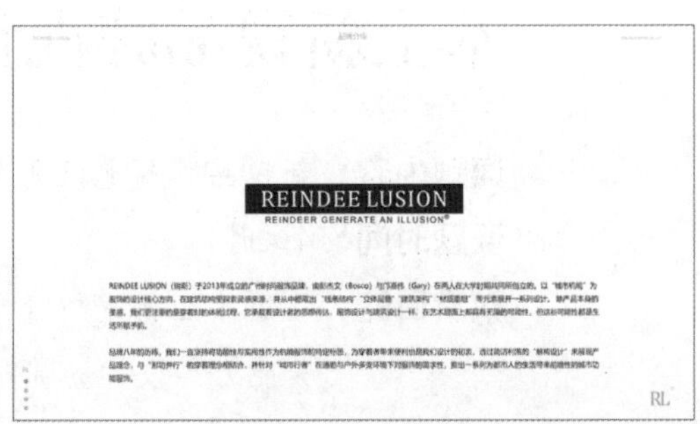

图6-2　RL品牌理念

图6-3　RL品牌创始人

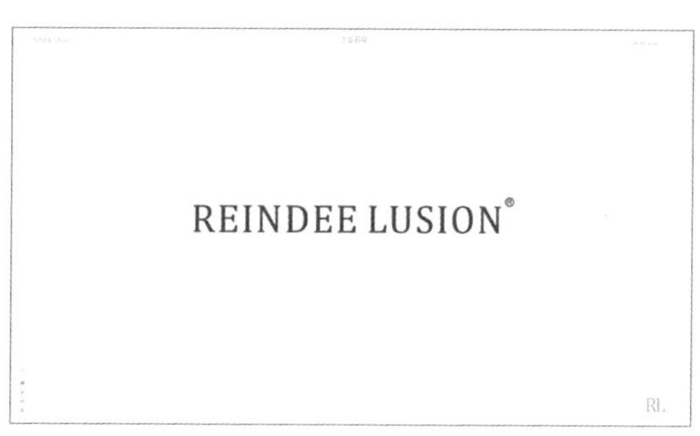

图6-4　RL品牌的标志设计

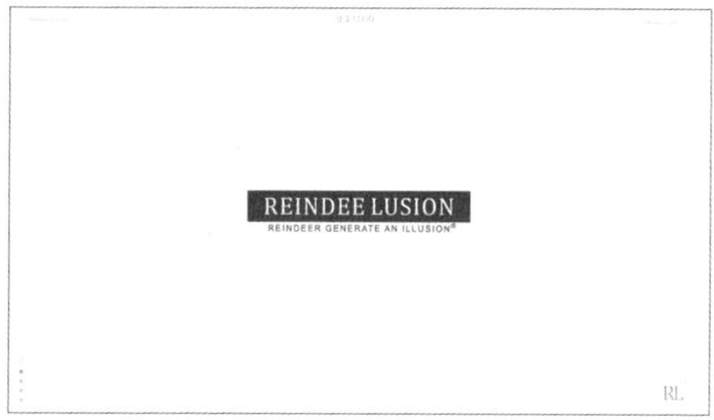

图6-5　RL品牌的标志反白稿

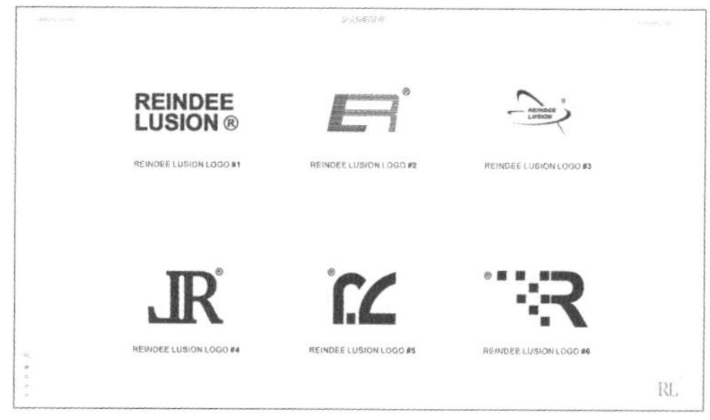

图6-6　RL品牌的辅助标志系列

图6-7　RL品牌的辅料

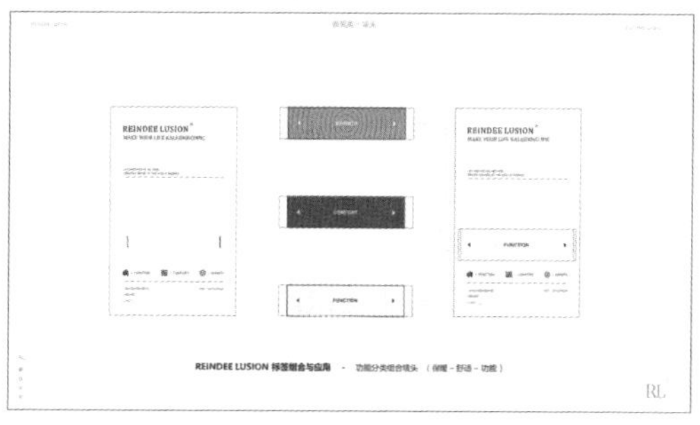

图6-8　RL品牌的辅料

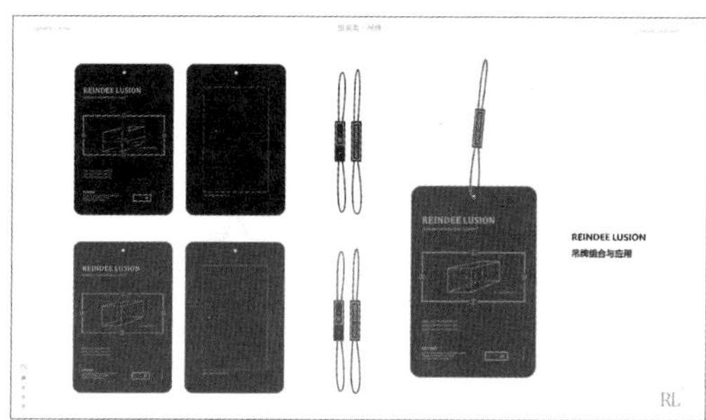

图6-9　RL品牌的辅料

图6-10　RL品牌的产品说明书

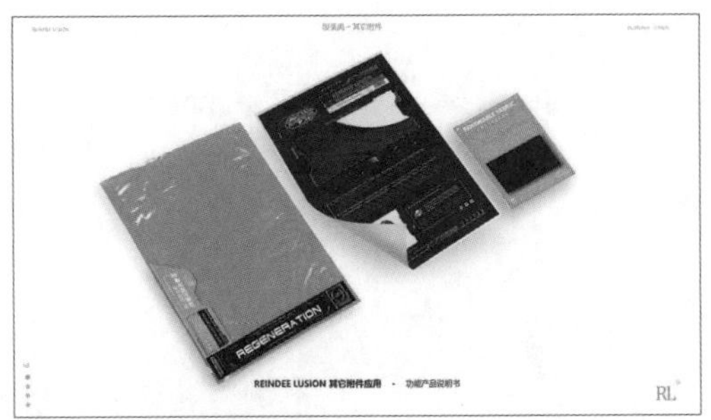

图6-11 RL品牌的产品说明书

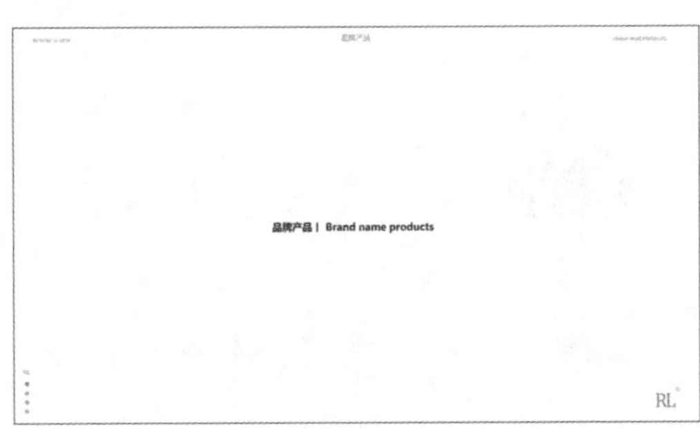

图6-12 RL品牌的产品

图6-13 RL品牌的产品主题

图6-14 RL品牌的产品系列

图6-15 RL品牌的产品

图6-16 RL品牌的产品

图6-17 RL品牌的产品

图6-18 RL品牌的产品

图6-19　RL品牌的产品

图6-20　RL品牌的产品

图6-21　RL品牌的产品

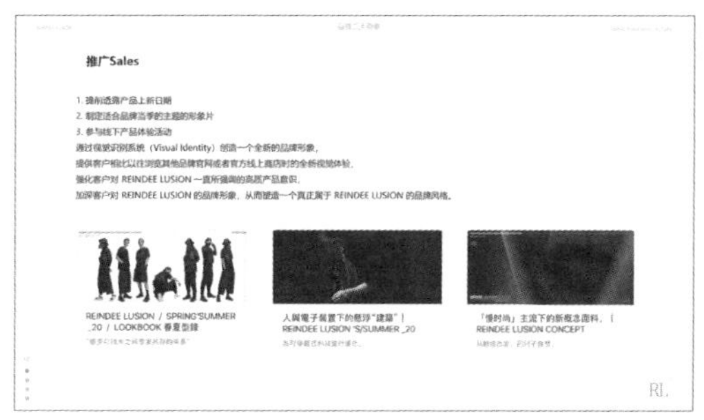

图6-22　RL品牌的推广

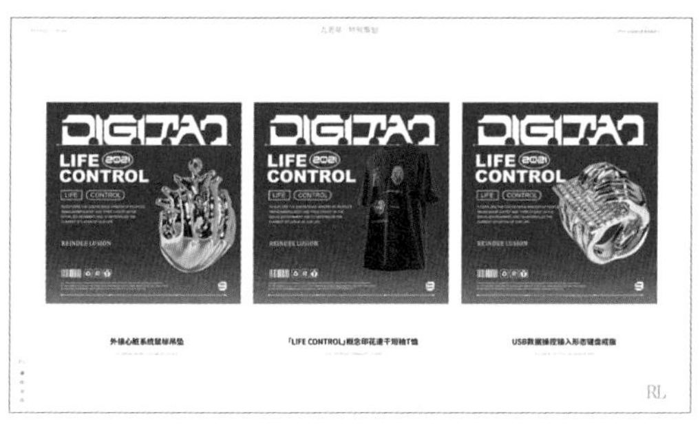

图6-23　产品系列

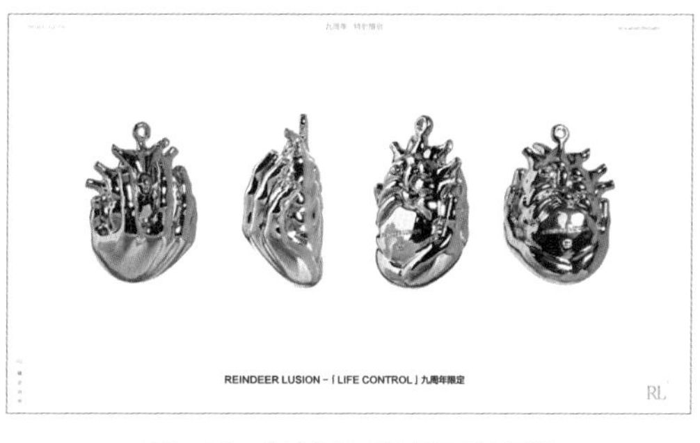

图6-24　外接心脏系统鼠标形态吊坠

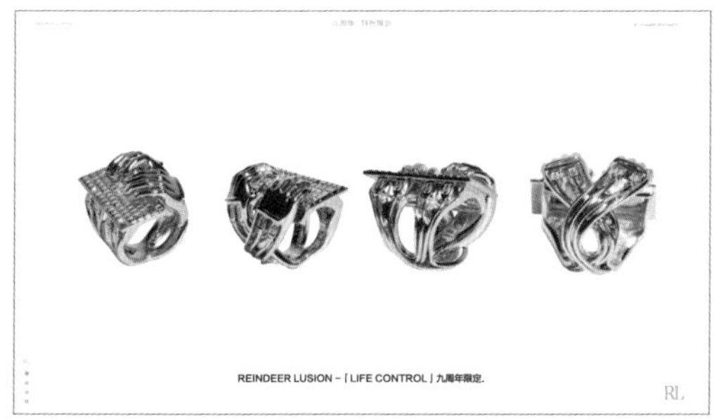

图6-25　USB数据操控输入形态键盘戒指

图6-26　概念印花速干短袖T恤

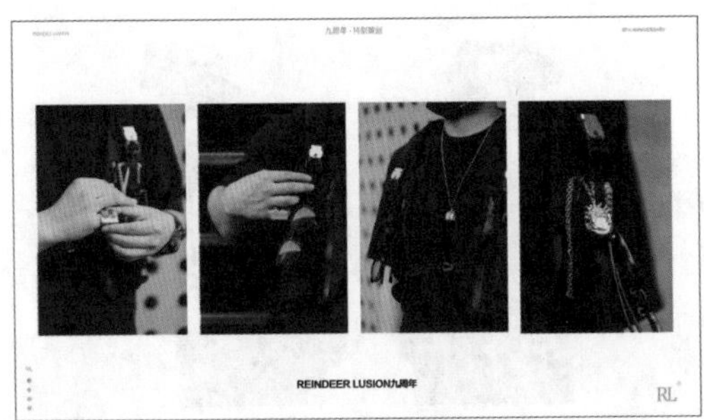

图6-27　产品搭配

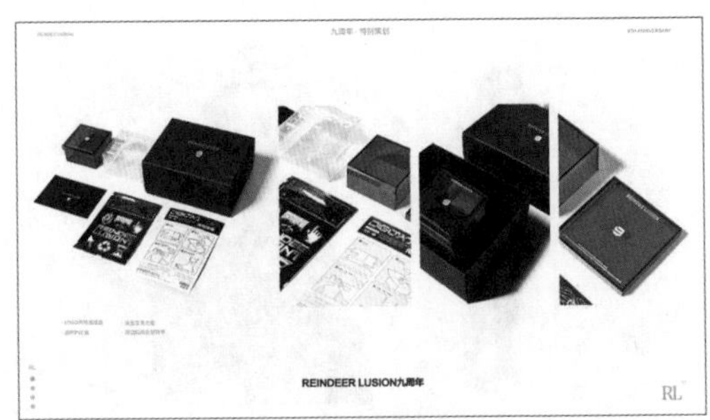

图6-28　饰品包装设计

图6-29　宣传视觉

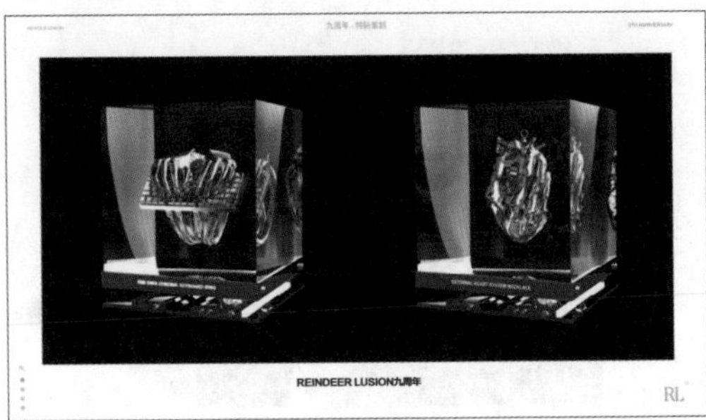

图6-30　饰品概念视频

图6-31　饰品概念视频

案例二：虚拟服饰品牌的原创实验

设计团队：陈有太、瞿思

指导教师：陈丹

虚拟服饰品牌视觉识别系统设计方案如图6-32~图6-82所示。

图6-32　虚拟品牌的VI设计方案封面

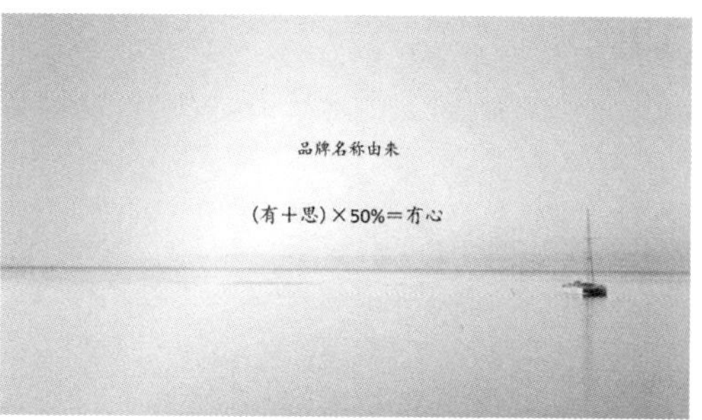

图6-33　虚拟品牌的名称由来

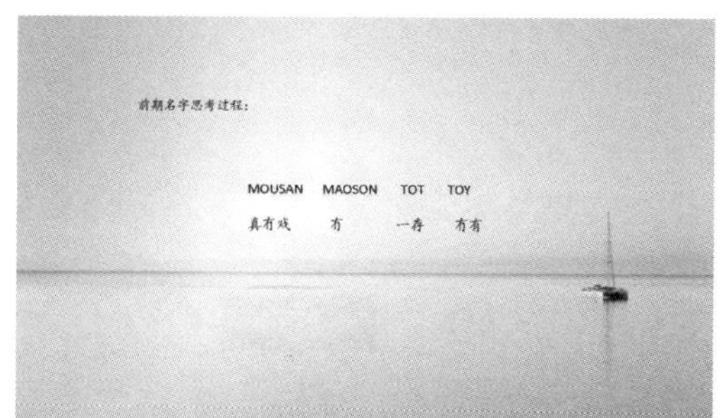

图6-34　虚拟品牌的名字思考过程

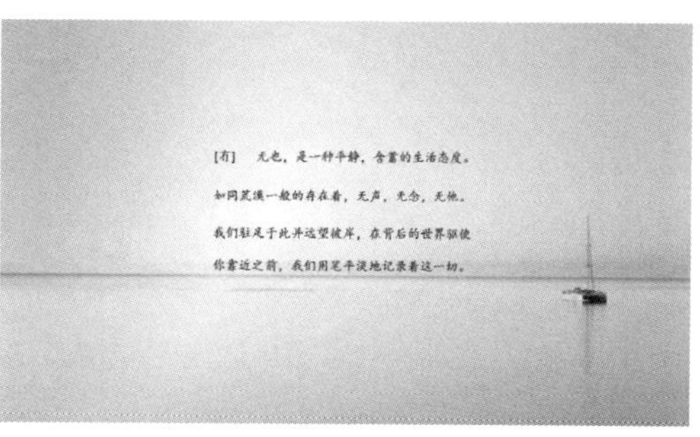

图6-35　虚拟品牌的名称由来

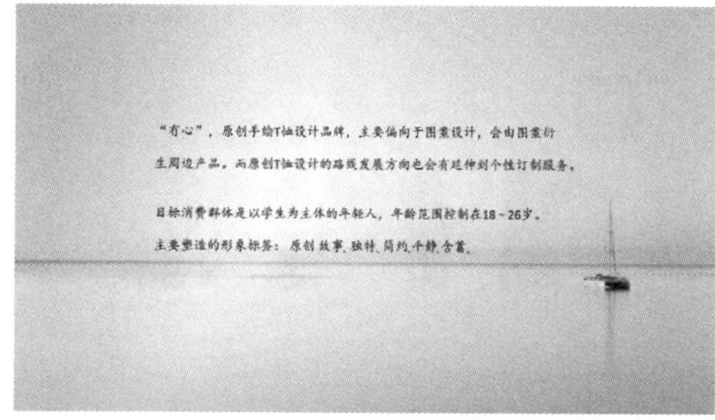

图6-36　虚拟品牌的定位

图6-37　虚拟品牌的SWOT

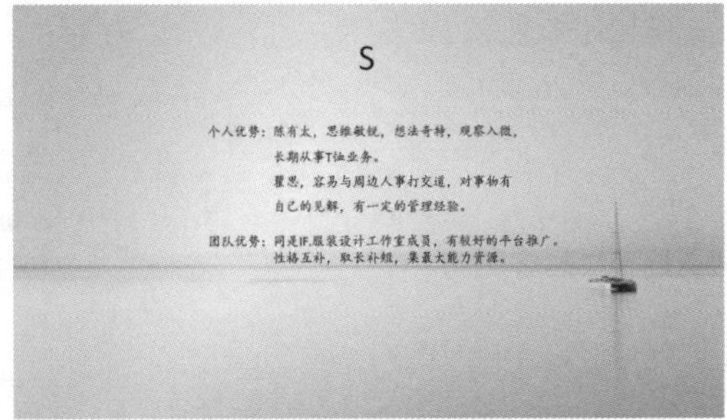

图6-38　虚拟品牌的优势

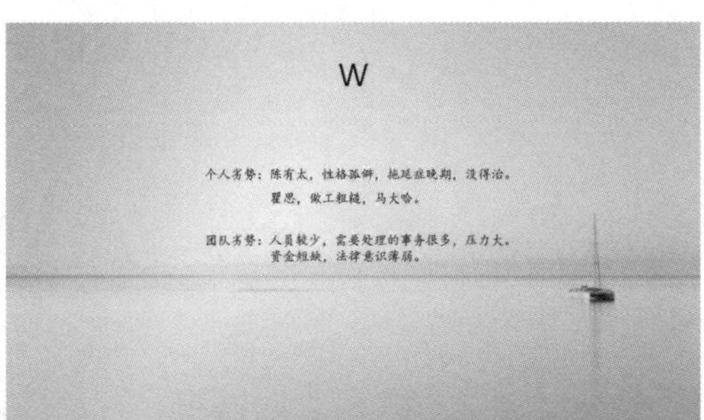

图6-39　虚拟品牌的劣势

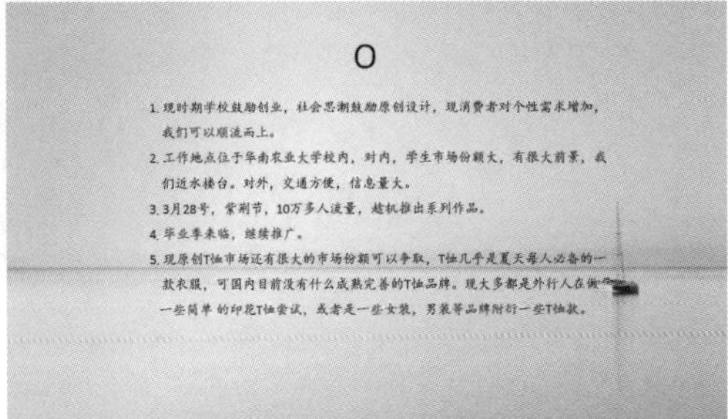

图6-40　虚拟品牌的机会

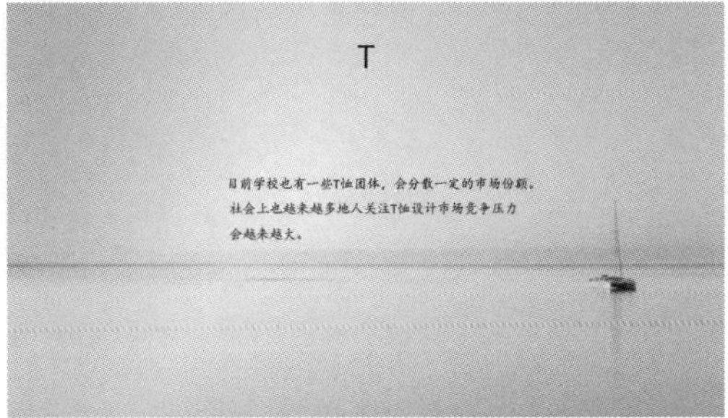

图6-41　虚拟品牌面临的威胁

图6-42　虚拟品牌的竞品分析

图6-43　虚拟品牌的竞品分析

图6-44　虚拟品牌的竞品分析

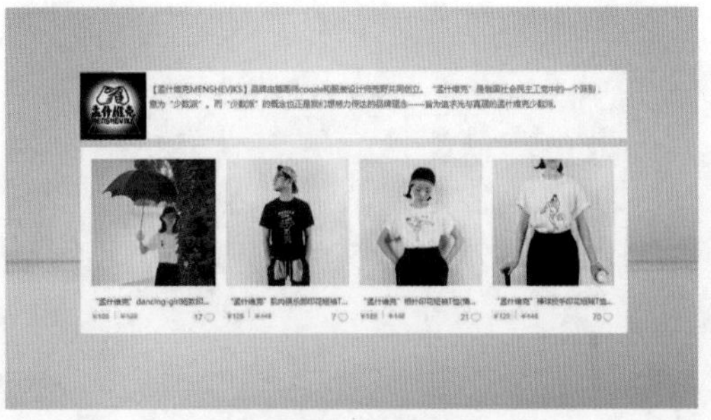

图6-45　虚拟品牌的竞品分析

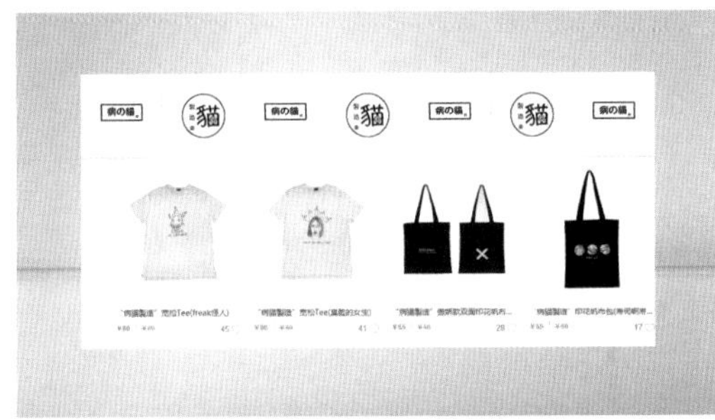

图6-46　虚拟品牌的竞品分析

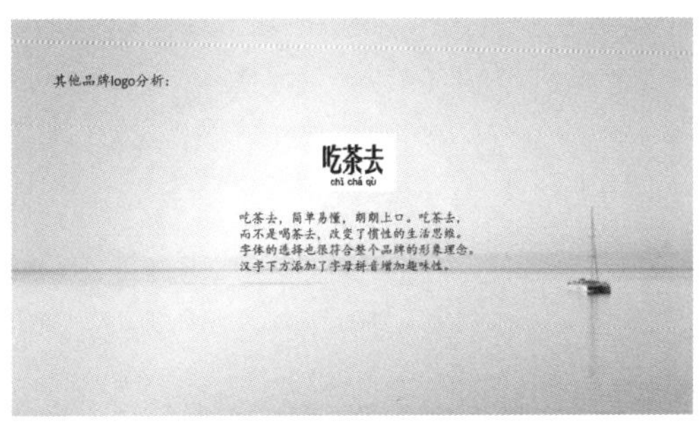

图6-47　虚拟品牌的竞品分析

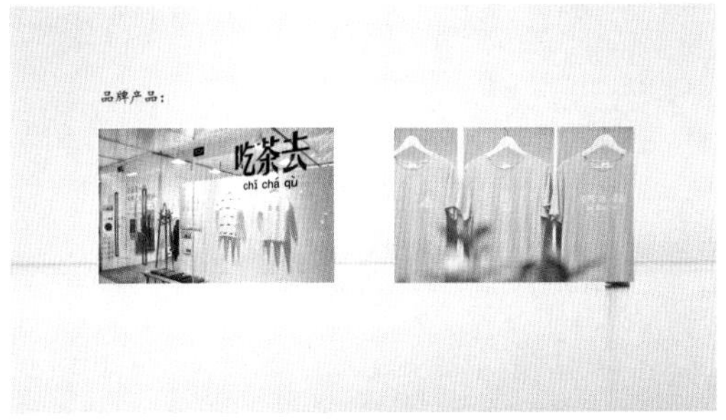

图6-48　虚拟品牌的竞品分析

图6-49　虚拟品牌的竞品分析

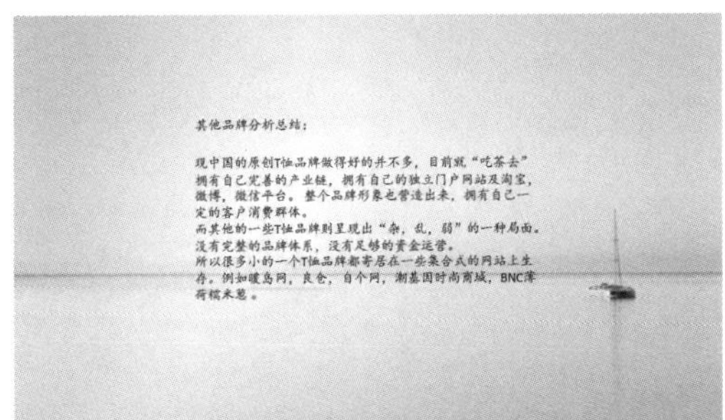

图6-50　虚拟品牌的竞品分析总结

图6-51　虚拟品牌的竞品分析

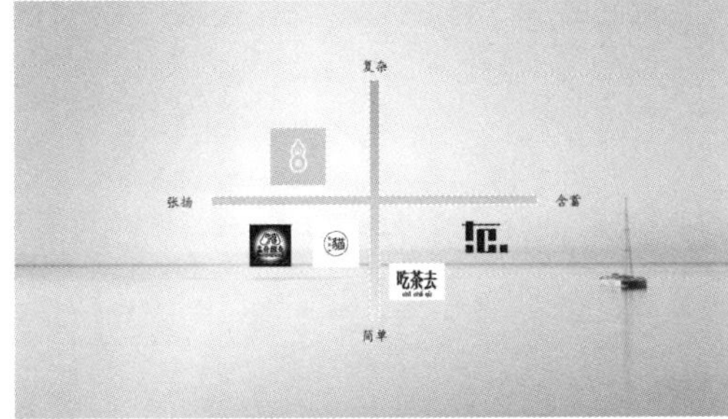

图6-52　虚拟品牌的竞品分析

图6-53　虚拟品牌的VI设计案小封面

图6-54　虚拟品牌的标志手绘稿

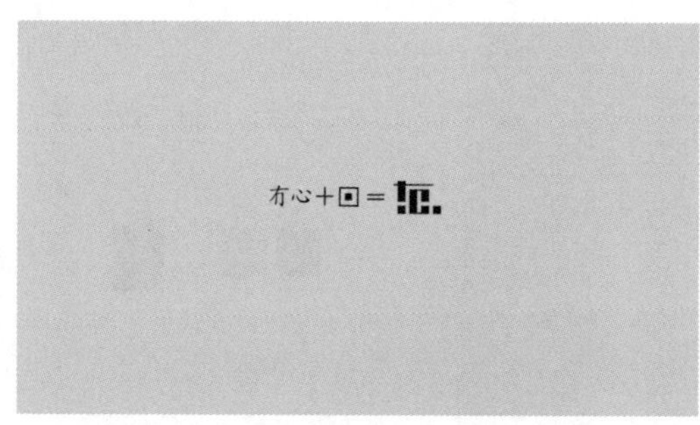

图6-55　虚拟品牌的标志构成

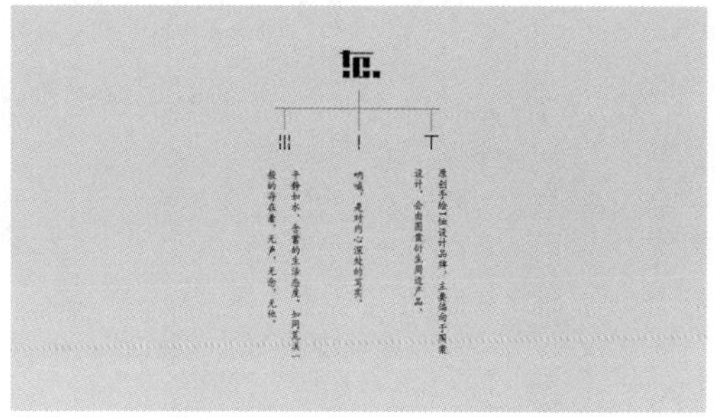

图6-56　虚拟品牌的标志释义

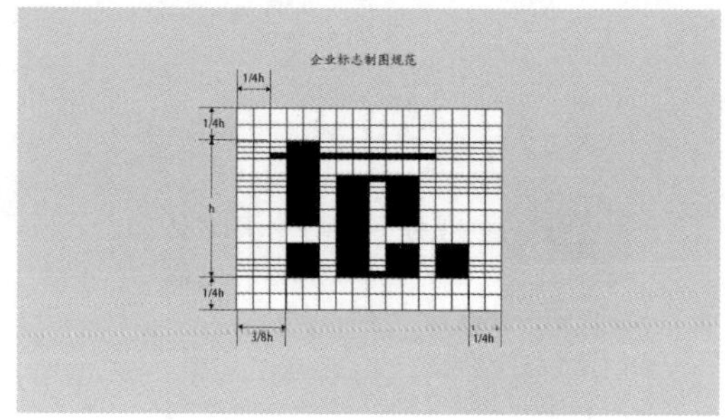

图6-57　虚拟品牌的标志坐标图

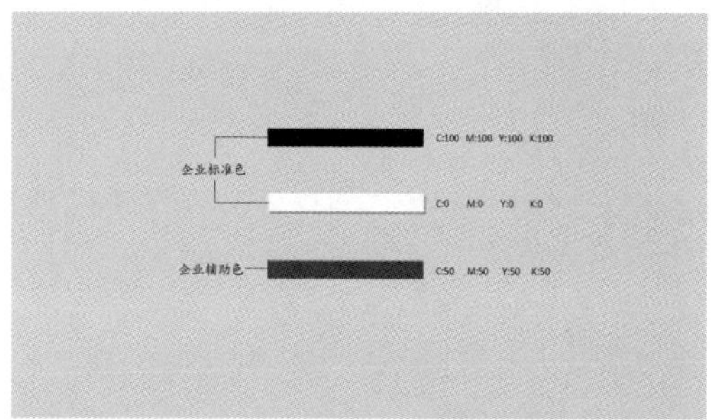

图6-58　虚拟品牌的标准色

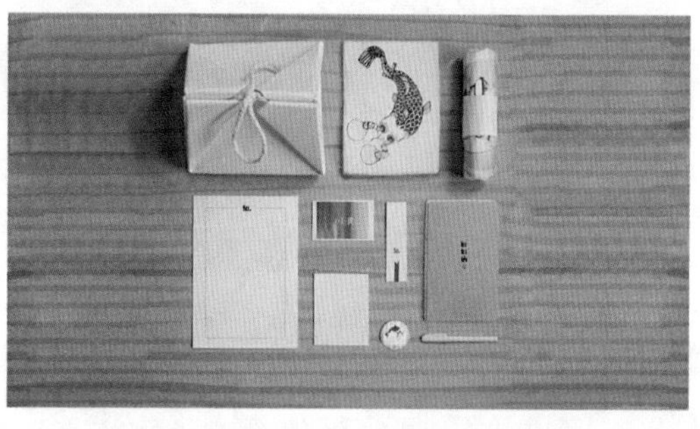

图6-59　虚拟品牌的办公、辅料与包装系统

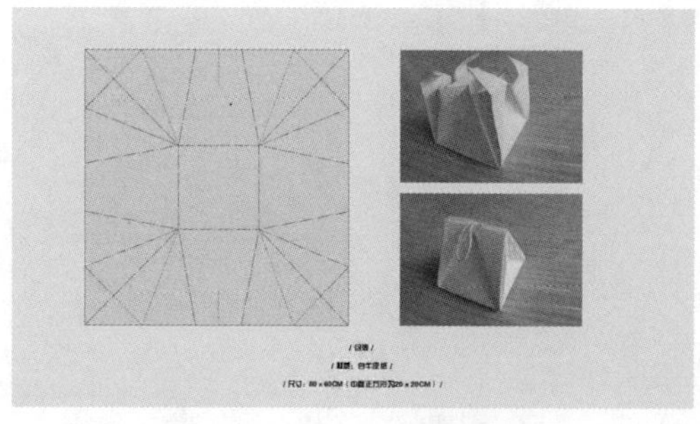

图6-60　虚拟品牌的包装袋设计

图6-61　虚拟品牌的包装袋设计

图6-62　虚拟品牌的名片设计

图6-63　虚拟品牌的名片样板实物

图6-64　虚拟品牌的胸牌设计

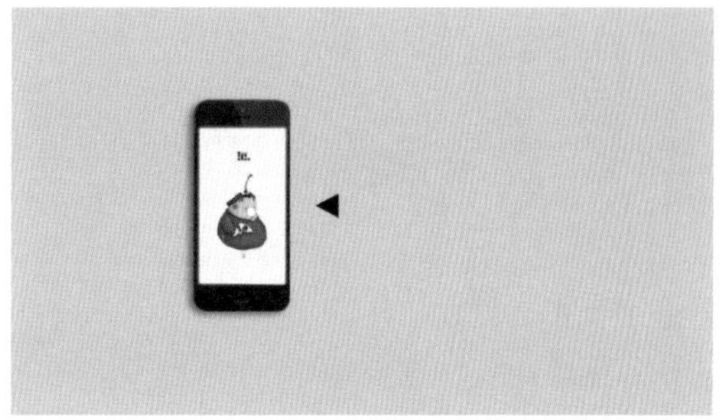

图6-65　虚拟品牌的手机APP页面

图6-66　虚拟品牌的故事

图6-67　虚拟品牌的故事

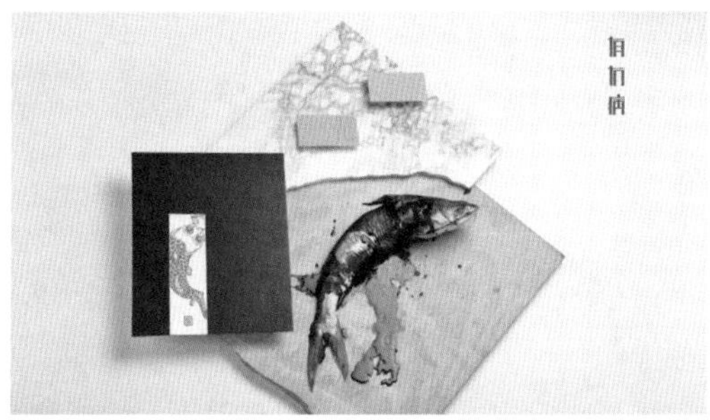

图6-68　虚拟品牌的故事

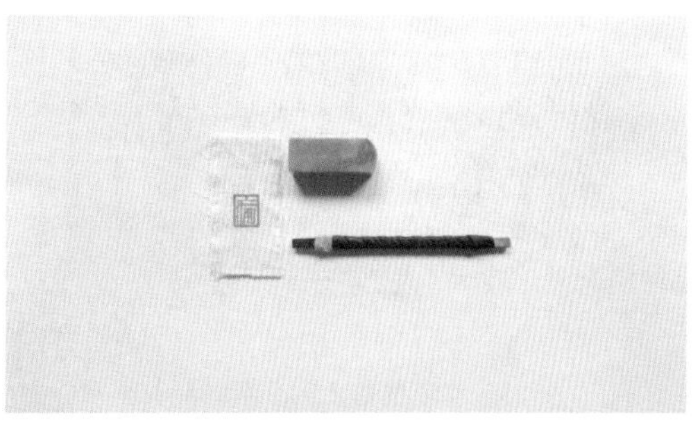

图6-69　虚拟品牌的印章设计

图6-70　虚拟品牌的产品系列

图6-71　虚拟品牌的产品系列

图6-72　虚拟品牌的产品图案设计

图6-73　虚拟品牌的产品图案设计

图6-74　虚拟品牌的产品图案设计

图6-75　虚拟品牌的产品展示

图6-76　虚拟品牌的产品展示

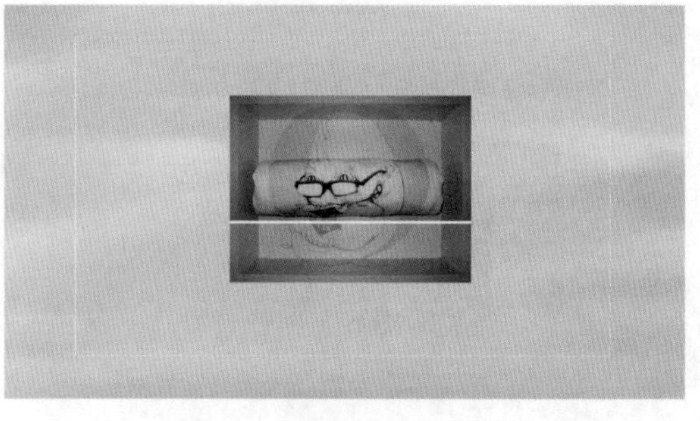

图6-77　虚拟品牌的产品展示

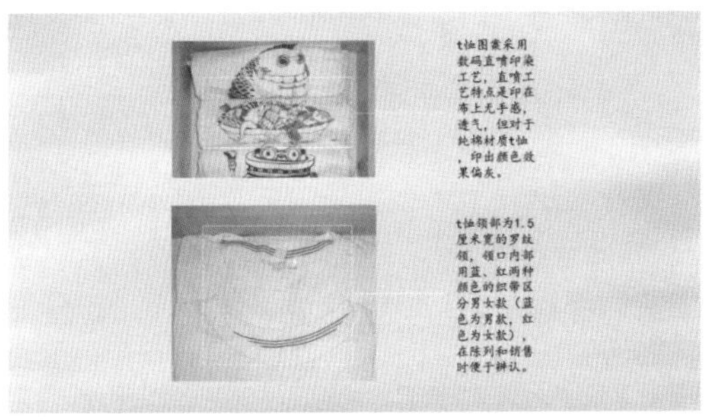

图6-78　虚拟品牌的产品展示

图6-79　虚拟品牌的产品展示

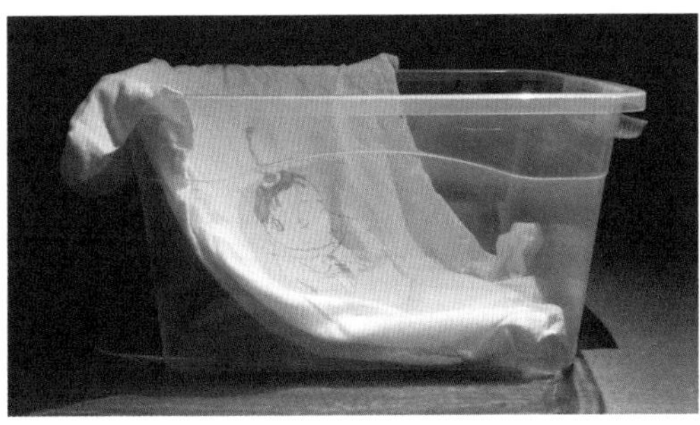

图6-80　虚拟品牌的产品展示

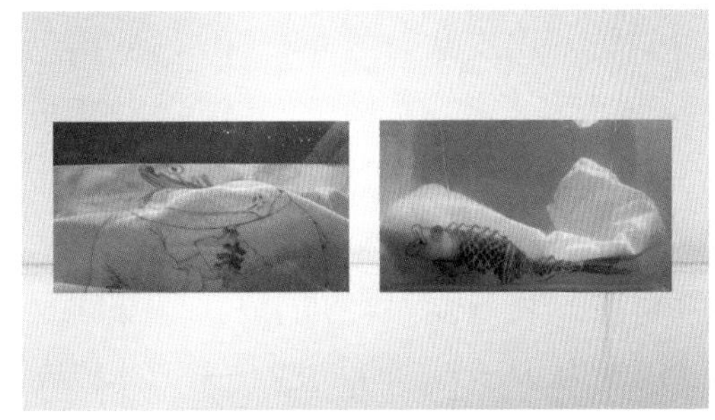

图6-81　虚拟品牌的产品展示

图6-82　虚拟品牌的VI设计方案封底

参考文献

[1] 戴维·阿克. 创建强势品牌[M]. 北京：机械工业出版社，2012.

[2] 吴蓉，陆小彪. 服装 CI 设计[M]. 合肥：合肥工业大学出版社，2010.

[3] 谭国亮，陈丹，李罗娉. 品牌服装产品规划[M]. 北京：中国纺织出版社，2007.

[4] 刘晓刚. 品牌服装设计[M]. 上海：东华大学出版社，2004.

[5] 刘晓刚，李峻，曹霄洁. 服装品牌运作[M]. 上海：东华大学出版社，2007.

[6] 邵献伟. 服装品牌设计[M]. 北京：化学工业出版社，2007.

[7] 罗兰·巴尔特. 符号帝国[M]. 孙乃修，译. 北京：商务印书馆，1994.

[8] 陈大为. 形态象征性在文化设计中的应用[J]. 设计，2005(2)：40-43.

[9] 陈嘉，何人可，杨帆. 从日本环境标识设计探寻民族文化传承[J]. 包装工程，2007(6)：189-191.

[10] 张庶萍. 服装品牌的传播与广告策略[J]. 纺织导报，2010(8)：96-98.

[11] 潘力. 枯淡与华丽的交响——日本传统设计理念探源[J]. 装饰，2008(12)：28-33.

[12] 于洁. 关于动态影像在视觉传达中的体验设计因素[J]. 南京艺术学院学报(美术与设计版)，2013(2)：155-156.

[13] 邵永红. 包装设计民族化过程中的问题与对策研究[J]. 包装工程，2010，31(6)：74-77.

[14] 杨颖，周立钢，雷田. 产品识别在品牌策略中的应用[J]. 包装工程，2006(2)：163-166.

[15] 肖文婷. 影视广告中的动画对提升品牌形象的价值体现[J]. 包装工程，2010，31(10)：88-91.

附录1　课程教学设计

知识点			学习目标层次									教学建议		计划学时
			认知			技能			情感					
章	节	名称	记忆	理解	简用	练习	初会	学会	思考	兴趣	热爱	重点	难点	
第一章	●	时装品牌视觉识别系统概述												4
	一	时装品牌概述	★							★			★	
	二	时装品牌视觉识别系统简介		★					★					
	三	企业识别、视觉识别、行为识别、理念识别概念辨析		★					★				★	
	四	时装品牌视觉识别系统的构成		★		★			★			★		
	五	时装品牌视觉识别系统的设计原则			★			★						
第二章	●	品牌产品与视觉识别系统的关系												4
	一	产品识别的概念		★						★		★		
	二	产品识别与视觉识别的关系		★						★			★	
	三	经典品牌视觉识别分析——福神（EVISU）									★			
	四	时装品牌视觉识别分析——天意							★					
第三章	●	时装品牌的命名												4
	一	时装品牌命名的方法		★						★				
	二	时装品牌命名的原则			★			★						
第四章	●	时装品牌视觉识别的基础系统设计												12
	一	标志设计		★				★				★	★	
	二	标准字体设计		★				★		★				
	三	标准色与辅助色设计		★				★		★				
	四	吉祥物设计		★				★		★				
	五	辅助图形设计		★				★		★				

续表

知识点			学习目标层次									教学建议		计划学时
			认知			技能			情感					
章	节	名称	记忆	理解	简用	练习	初会	学会	思考	兴趣	热爱	重点	难点	
第五章	●	时装品牌视觉识别的应用系统设计												20
	一	身份识别系统与办公系统设计		★				★		★				
	二	辅料设计		★				★		★				
	三	包装设计		★				★		★				
	四	广告设计		★				★		★		★		
	五	展示设计		★				★		★				
第六章	●	本土新锐品牌视觉识别设计案例赏析												4

附录2　课程实践指南

（项目式教学与协作学习的结合）

一、目的

“时装品牌视觉识别”课程（也可以叫“时装品牌视觉识别设计”“时装品牌形象设计”）采用了项目式教学方式，将具有商业价值的真实项目或模拟项目引入大学课堂，指导学生以团队的形式完成。使学生在课程结束之际不仅掌握了该课程的理论知识，更具备了实践能力，拥有了本课程相关项目实战经验，对与企业合作的各种问题有了一定的了解，并具备了一定的解决问题的能力。

“时装品牌视觉识别”课程除项目式教学之外，还采用了协作学习的方式，指导学生以团队的形式完成。使学生在课程结束之际不仅掌握了该课程的专业理论知识和实践能力，还具备了与别人进行协作的能力，学会处理矛盾与冲突，学会寻找共同前进的目标、动力和方法。课程结束时，学生以团队答辩的形式进行终期汇报，老师做主持人。

二、课程实践内容整体流程

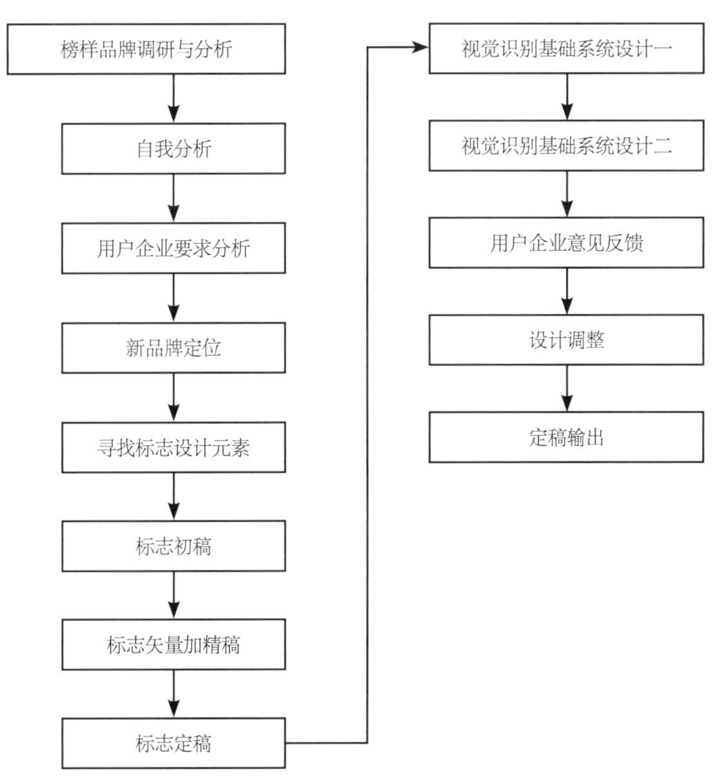

注：

（1）榜样品牌调研与分析：收集市场上一个自己喜爱的时尚品牌的VI资料（包括品牌理念、名称、标志、标准色、标准字体、辅助形、企业吉祥物、包装、广告、形象代言人、网站、专卖店等），并进行分析与学习。（个人完成，并进行展示交流）

（2）视觉识别基础系统设计一：设计一个真实的或虚拟的时装品牌的整体VI系统，（包括品牌标志、标准色、标准字、辅助形、企业造型等基础要素。（团队完成）

（3）视觉识别基础系统设计二：办公用品、产品辅料、产品包装、员工服装规范、办公环境识别、企业车体外观、广告、专卖店等应用要素。（团队完成）

三、课程实践要求

1. 形式

（1）每个团队起一个名字；就像一个小型的设计公司，2~4人。

（2）每个成员要有明确的职责。

（3）每个小组选出一个代表，在课程最后进行演示汇报，并担当评委，参与评定其他设计团队的作品与协作过程。

2. 时间

共12周，每周4学时，共48学时。其中，前8周为正式课程时间，后3周为实践时间，最后1周为总结汇报的时间。）

四、课程实践存档说明

（1）团队名单（名称、成员）。

（2）项目过程记录。

（3）项目成果：学生作品集。

（4）学生协作学习的总结。

以光盘和打印稿的形式完成。光盘用于展示，可以辅以动态展示、音乐等渲染主题的元素；打印稿需要规范化的形式，制作成作品集手册，A4大小规格。可以使用CorelDraw、Word、Photoshop等设计软件。考虑到学生作业成本和资料存放及保管成本，打印稿也可酌情取消。